U0158532

Artificial Intelligence

AIGC 文图学

Text and Image Studies on AIGC

人类3.0时代的生产力

Productivity in the Age of Humanity 3.0

衣若芬 著

中国社会科学出版社

图书在版编目（CIP）数据

AIGC 文图学 ：人类 3.0 时代的生产力 / 衣若芬著.
北京 ：中国社会科学出版社，2024. 7. -- ISBN 978-7
-5227-3724-9

Ⅰ. TP18

中国国家版本馆 CIP 数据核字第 2024GF2791 号

出 版 人　赵剑英
责任编辑　耿晓明
责任校对　李　军
责任印制　李寡寡

出　　版　中国社会科学出版社
社　　址　北京鼓楼西大街甲 158 号
邮　　编　100720
网　　址　http://www.csspw.cn
发 行 部　010-84083685
门 市 部　010-84029450
经　　销　新华书店及其他书店

印　　刷　北京明恒达印务有限公司
装　　订　廊坊市广阳区广增装订厂
版　　次　2024 年 7 月第 1 版
印　　次　2024 年 7 月第 1 次印刷

开　　本　880×1230　1/32
印　　张　9.625
字　　数　228 千字
定　　价　48.00 元

凡购买中国社会科学出版社图书，如有质量问题请与本社营销中心联系调换
电话：010-84083683
版权所有　侵权必究

图 1-1　人类3.0示意图

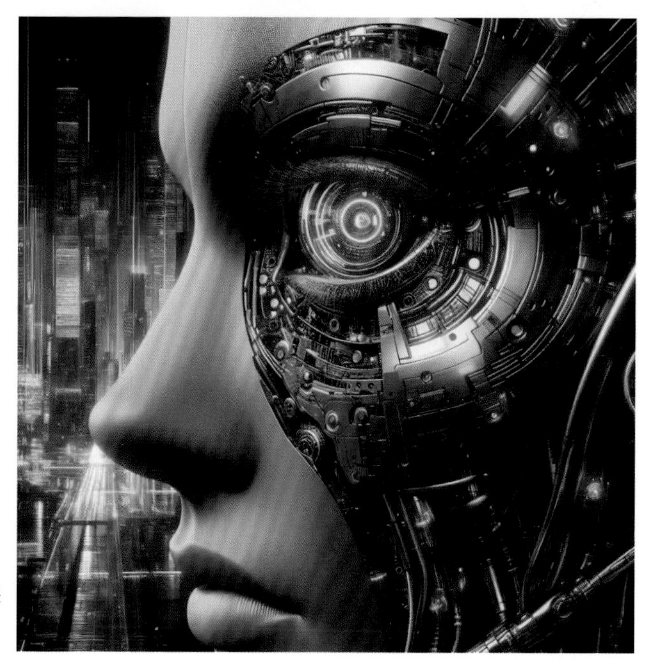

图 1-2　后人类示意图

▲ 图 2-1 让 AI 辨识的食材照片

▶ 图 5-3 《蜡梅山禽图》

▲ 图 6-1 《太空歌剧院》

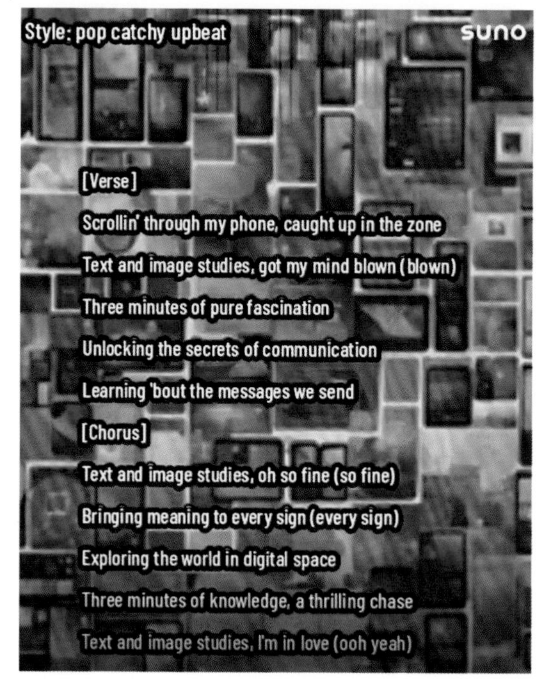

◀ 图 7-1 Suno 生成歌曲

▼ 图 9-1　元代赵孟頫画苏东坡像

▲ 图 9-2　3D 超写实数字人苏东坡

▶ 图 10-1　AI 生成 3 只手的人像

目　　录

序　你能听见音乐吗？

音乐属于每个人

在2024年奥斯卡获奖电影《奥本海默》里，物理学家玻尔（Niels Bohr）对奥本海默（Oppenheimer）说：

> 代数就像乐谱一样。重要的不是你会不会看乐谱，而是你能不能听见音乐。你能听见音乐吗？

在AI时代，我们无须学习五线谱，用不着苦练乐器，只要随口哼唱，或是发送指令（prompt），就可以让人工智能自动生成音频文本，甚至演奏和演唱出来。“你能听见音乐吗？”关键不再只是你的专业知识技能，而是你的感受理解能力。不是人人都要当音乐艺术家，但是人人都可以通过AIGC（AI Generated Content，人工智能生成）工具，成为音乐的制造者。要紧的是：你有一颗爱音乐的心！

AIGC工具提高了我们的生产力，产出的可能是精品；也可能是垃圾，如何判别分析个中优劣？我们需要一套研究思路和理论框架。因此，我尝试将我创发的文图学（Text and Image

Studies）作为方法，希望提供大家参酌采用。

文图学谈的“文”，不是文学，也不只是文字。文图学谈的“图”，不是美术，也不只是绘画；而是文本以图像的方式展示，被观看、被叙述、被阐释。这正符合 AIGC 以文本（text）指称生成物，强调生成物的可视化和可转译，需要被赋予意义。可以说，在先天设计的理念上，文图学就是合乎 AIGC 的性质。这是文图学结合 AIGC，成为本书的主题“AIGC 文图学”的首要基础。

人类 3.0 时代

本书的另一个概念是“人类 3.0 时代”。基于第四次工业革命的观点，我将人们因技术科学发展而影响生活和关系网络的变化分为三个阶段：

1. 工业革命之前的人类 1.0 时代：重要的是人际关系，强调家庭伦理与社会秩序。

2. 人类 2.0 时代：机械替代人力，参与生产、消费、娱乐、服务等方面，在生活中越来越扮演重要的角色，人际关系叠加了人机关系。

3. 人类 3.0 时代：人际关系、人机关系，再叠加了人与互联网、虚拟世界和人工智能的关系。关系网络中相连的彼此可能在现实生活中毫无交集，甚至并非真人，促使我们塑造新的价值观。

人类 3.0 时代从 1990 年代互联网兴起开始，2020 年代 AIGC 工具广泛应用而成熟发展。读者可参看本书附录三《科技发展大事年表》，一窥自 1940 年代起科学家的贡献，以及对我们生活的改变，预想 AIGC 工具可能造成的影响。

既然现在是人类 3.0 时代，本书实践人和 AI 合作协同的方式，部分内容经由询问参考 AIGC 工具，加上作者的研究组成，以显示 AIGC 工具的有效性和局限性。提醒读者 AIGC 工具可能犯的错误，不可尽信。然而，也不必因为 AIGC 工具无法尽善尽美而弃之不顾。

本书附录四《我问 AI》中有两篇，分别是《ChatGPT 建议的 175 个 AIGC 文图学研究课题》和《学习 AIGC 文图学可以开展的 150 种新工作领域》，这是我去芜存菁，反复打磨的结果。如果只由我自己推想，可能无法顾及那样多的层面，AIGC 不容小觑，可见一斑。

AIGC 文图学与你的未来

AIGC 技术近年发展迅猛，逐渐渗透我们的日常生活。喜欢美颜相机、经常上网购物、刷短视频、看摘要读书……这样的你，已经在享受 AIGC 的成果。AIGC 可以轻松生成文字、图像、音频、视频，用于广告文案、影视动画和传媒、教育等等广泛的场景，具有极高的商业潜力。

美国红杉资本（Sequoia Capital）2024 年 3 月 20 日举行的 AI 崛起（AI Ascent）会议，聚集了 AI 领域的领军人物，探讨了 AI 技术的未来，以及对各行业的革新和提供巨大生产力增益的潜力，预示着 AI 技术将在未来成为企业的一个重要元素。会议中谈到，估计目前一年中 AIGC 的收入总规模已经达到了 30 亿美元，这还不包括科技巨头和云厂商间接通过 AI 产生的收入，而 SaaS（Software as a Service，软件即服务）行业花了近 10 年才达到这个水平。[①]

根据美国斯坦福大学研究，中国是全球最关注 AIGC 的国家。麦肯锡全球研究院指出，AIGC 有望为全球经济贡献约 7 万亿美元的价值，其中近三分之一的经济价值在中国。中国也是全球首个对 AIGC 进行法规规范的国家，在在显示 AIGC 在中国和全球的重要性。清华大学《AIGC 发展研究报告 1.0 版》提醒我们 AIGC 对人类思维可能的正面和负面影响。我们怎样分享 AIGC 的大饼？怎样避免损害？（详见本书第二章）。

我可以远离 AIGC 吗？

一项科技新产品从研发、量产到普及，基本上会有三个阶段。以手机为例，起初手机是为了满足移动通信的需求，解决人们无法随时和他人联系的问题。早期的手机不但个头大，价钱也相当昂贵，所以被称为“大哥大”，好像只有做很大生意的人，随时需要找到人，或是被人找到，才需要用到手机。这种情形，我称为“个人应用”。

使用手机的第二个阶段，我称为“群体应用”。随着相应的通信设备硬件的完善，手机的功能越来越多，除了移动通信，还可以拍照、上网、玩游戏，价格日益亲民，人们逐渐买得起手机，或是经由通信公司的配套分期付款。当周边的人陆续都使用手机，个人的使用群体扩大，手机成为适应群体生活的一种交流设备，规模增广。

---

① https：//www. sequoiacap. com/article/ai-ascent-2024/2024 年 4 月 3 日。软件服务包括用户购买云端存储、应用程序、软件等。一般而言，用户不需要工程师协助，可以自行付费操作使用。

使用手机的第三个阶段，我称为“系统应用”。社会上许多人都有手机，街上的公共电话亭已无用武之地；家里的座机也渐渐派不上用场。于是手机完全嵌入了我们的生活，成为必需品。甚至个人的资讯、电子钱包、对外联系的渠道等等，全部集成在手机上。没有使用手机的人成为社会的少数。平常的日子还好，遇到了特殊的情况，比如新冠疫情期间，许多出入的场所都需要扫描二维码，或是出示健康码，没有手机变得寸步难行。这就是手机已经进入系统应用。

目前 AIGC 的进步和应用，我想是处于第一和第二阶段期间。它和手机最大的不同，是可以公开给大众免费使用。所有的人都可以用平常讲话的方式，很自然地和 AIGC 工具进行交互。让 AIGC 工具听从我们的指令，生成我们想要生成的各种文本。这些文本不但可以提高生产力，适当的应用还可以成为一部分的个人数字资产。近年来，许多公司进行内部的数字化管理，有了 AIGC 工具，更可以促进公司的效能。也就是说，从个人应用到群体应用，已经展现 AIGC 的成果。

至于进入系统应用，甚至进入所谓的“通用人工智能”（Artificial general intelligence，AGI）的阶段，不同的科学家有不同的时间预期。有的认为 GPT-4 在 2023 年推出，已经是进入了 AGI 的阶段。开发 GPT-4 的 OpenAI 公司就是主张 AGI 为核心价值。但也有的科学家认为，AIGC 在未来五到十年可能还需要观望，但并不是遥遥无期。（详细请看本书第一章和第十一章）。

以我工作生活的新加坡为例。新加坡是全球第一个完成数字孪生（Digital twin）的国家，在 2022 年已经建立全国精准的虚拟 3D 地图和实时数据，适用于交通调控、资产管理、天然灾害防治等等建设规划。通过 AI 技术，新加坡有望成为系统化应用 AI 的领先国家。[①] 这也可以解释为何 2023 年世界许多国家的教育机关对 ChatGPT 等 AIGC 工具抱持怀疑、惶恐，甚至禁止的态度，新加坡政府的态度比较开明，指示了合理使用的相应措施。(详细请看本书第八章)。

因此，就像人们把 AI 形容成电力，我们不一定看得到电力管网，但它已经被我们天天使用。以后 AIGC 也会一样，自动驾驶、机器人助手会稀松平常地融入我们的生活中，如同几乎不可或缺的手机。积极开发 AI 的目的十分明确。

你需要懂一点 AIGC 文图学

2024 年 2 月 26 日凤凰网资讯报道，中国香港某家跨国公司的职员，被深度伪造（Deep fake）的技术，诈骗了两亿港元(约 1.84 亿元人民币元)，成为香港历史上金额最庞大的诈骗案。歹徒利用 AI 变脸和变声的方式，冒充总公司的财务总监(Chief financial officer，CFO）等高层领导，欺骗受害人开视频会议，要求被害人进行多笔转账。过了几天，被害人向总公司汇报，才惊觉大事不妙!

你能保护自己吗?

享受 AIGC 工具提高我们生产力的便利成果，我们也要提高警觉，保护自己；同时还要注意避免侵害他人的权利，比如

---

① “Digital twins and the future of Singapore”，https：//www. theedgesingapore. com/digitaledge/digital-economy/digital-twins-and-future-singapore，2024 年 3 月 20 日。

知识产权（Intellectual property）。权衡得失，我们需要一本简单明了，易于操作的书籍。

许多关于 AI 的书主要为理工科培养 AI 的科技研发人才，需要一定的知识背景，门槛较高。市面上针对普罗大众的 AIGC 相关书籍不多；网络上博主们又往往以耸人听闻的标题和言词，夸大 AIGC 能够使人不费工夫，轻易致富，贩卖焦虑或内容不尽规范的课程，令人们无所适从。

我关注研究 AI 多年，发现 AI 可能深入我们的自我认知和人生价值观，不可轻忽，于是撰写本书作为大学课程教材，旨在引导非理工专业学生通过动手操作和思辨讨论，明了 AIGC 的法规，分析真伪，正确合理使用 AIGC 的成果，以助于生涯规划和职业发展。因应 AIGC 的普及，AIGC 素养有望成为所有学生的基础课程。

这是一本写给 AIGC 小白的书，一个玩转 AIGC 的大学文科老师的实验心得。用研究文本和图像的文图学视角，分为 11 章，介绍关于 AIGC 的基本常识、操作指南、案例分析、文化思考和未来展望。附录《推荐参考书》以文图学和外文书籍为主，希望补充中文读者的相关资讯。《AIGC 工具》挑选的是常用且功能较为稳定的产品。

看得懂，说得出，用得着

“文图学”强调“万物皆文本，文图学就是看世界”，包括现实世界和虚拟世界。通过“看得懂，说得出，用得着”的目标，本书受马里兰大学李杰（Jay Lee）教授的演讲①启发，

① https：//www. youtube. com/watch？ v=MTjb1ps8iVs，2023 年 11 月 10 日。

秉持 4 个“P”观点：

1. 原则（principle）：介绍关于 AIGC 和文图学的基本论述，结合二者为“AIGC 文图学”方法论。

2. 实践（practice）：动手操作 AI 生成文字、图像、音频、视频的工具，分享经验和分析效果。

3. 项目（project）：观察 AIGC 在教育、学术、传播、新媒体的应用情形，个案研究。

4. 专业（professional）：讨论 AIGC 在法律、道德、伦理的衍生问题，以及可能的文化影响，做一个负责任的专业使用者。

每一章最后有“延伸活动，思考练习”，提供相关主题的学习方向和进一步检查。不是在校生的读者，也可以有所助益。

熟悉我的写作风格的读者可能会发现，《AIGC 文图学：人类 3.0 时代的生产力》和我过去的学术论文和文学创作的笔法不同，我尝试将个人的学习和工作经验，结合成科技生活成长史，对应科技发展历程，折射出微观的图景，从而作为反思的依据。行文中诸多条列式的说明，刻意营造一股“机器感”，也就是设想自己用理工思维分析，解决问题导向，有时假设自己是 AI，无情绪有逻辑地叙述。

好雨知时节

感谢所有选修我开设的文图学课程的同学们。近几年来，我们每学期在课程中加入一点 AIGC 的实验内容，激发大家对于 AIGC 文图学更多的兴趣，鼓励我开设 AIGC 文图学的新课程，写作 AIGC 文图学的专书。我任教的新加坡南洋理工大学在全球 AI 排名中名列前茅，在《美国新闻与世界报道》（*US News and World Report*）中排名第二名，仅次于北京清华大学①，希望本书能为建设 AI 课程略尽薄力。

感谢中国社会科学出版社耿晓明女士的厚爱和信任，顺利催生本书出版。中华书局提供“苏东坡 3D 写实数字人”图像。AIGC 发展日新月异，本书写作过程几经因人工智能实验成功、新产品发布而修改，出版后想必也会有迭代更新的 AIGC 信息。技术和工具会迭代更新，持续的是我们作为会思考的碳基生物（Carbon-based life）对 AI 这种硅基生物（Silicon-based life）的探索理解和人文关怀。

你能听见音乐吗？

“润物细无声”的 AIGC 或许会因为我们听见了音乐，不变地使我们赞叹这春雨好时节，每一个明天都值得期待，繁花随音符，处处绽放悠扬。

---

① https：//www. usnews. com/education/best-global-universities/artificial-intelligence，2024 年 3 月 20 日。

第一章　人类3.0时代的AIGC

第一节　人类3.0时代

“人类3.0”的进化概念主要来自三本书：

1. 雷·库兹韦尔（Ray Kurzweil，1948－　）2005年的书《奇点临近：2045年，当计算机智能超越人类》（*The Singularity is Near*：*When Humans Transcend Biology*）[①]。

2. 尤瓦尔·诺亚·赫拉利（Yuval Noah Harari，1976－　）的《未来简史：从智人到智神》（*Homo Deus*：*A Brief History of Tomorrow*）[②]。

3. 彼得·诺瓦克（Peter Nowak），直接将“人类3.0”作为书名：《人类3.0：不断进步升级的人类》（*Humans 3.0*：*The Upgrading of the Species*）[③]。

---

① Ray Kurzweil, *The Singularity is Near*：*When Humans Transcend Biology*, New York：Penguin Books, 2006. 中文版《奇点临近：2045年，当计算机智能超越人类》（李庆诚等译）于2011年，由机械工业出版社出版。

② Yuval Noah Harari, *Homo Deus*：*A Brief History of Tomorrow*, London：Harvill Secker, 2016. 中文版《未来简史：从智人到智神》（林俊宏译）于2017年，由中信出版社出版。

③ Peter Nowak, *Humans 3.0*：*The Upgrading of the Species*, Guilford, Connecticut：Rowman & Littlefield Publishers, Inc., 2015. 中文版《人类3.0：不断进步升级的人类》（杨煜东译）于2016年，由电子工业出版社出版。

雷·库兹韦尔认为：随着科技的不断进步，人类将有可能结合人工智能（Artificial Intelligence，AI）、纳米技术等，增强人类的认知和身体能力，甚至改变人类的感知和经验，超越生物的局限性，甚至无法逆转和控制，这就是“奇点”（Singularity）。

尤瓦尔·赫拉利探讨人类未来的轨迹，特别关注新兴科技如何改变人类生活。他研究人工智能、基因工程和生物技术等技术对延长寿命的潜力，思索“人类”的定义。

在《人类 3.0：不断进步升级的人类》中，彼得·诺瓦克用技术和人类生活的改变区分发展阶段，分别是：

1. 人类 1.0：这个阶段是指早期人类，从第一次用两只脚走路并创造简单的工具开始，涵盖了人类主要以狩猎采集为生、生活在洞穴中并使用基本工具生存的时期。这个时代的特征是人类基本能力的发展，例如通过语言进行交流，以及创造棍棒等基本工具，并掌握使用火等基本技术。

2. 人类 2.0：这个阶段代表现代人类，特别是 18 世纪工业革命及之后。以技术的重大进步为标志，例如复杂机械、电子和互联网的发展。人类从体力劳动和农业社会转向数字化、自动化和知识型经济。

3. 人类 3.0：在这个阶段，科技不仅仅是人类使用的工具，而是成为人类经验的一部分。主要包括基因工程、控制论（Cybernetics）植入、脑机接口（Brain Computer Interface，BCI）、人工智能以及其他形式的增强或改变人类能力的技术进步。于是人类能够增进记忆、消除遗传性疾病、强化感官和认知能力、延长寿命。人类智能与人工智能协同合作，以至于模糊了人与非人/机器的界限。

彼得·诺瓦克的书出版于 2015 年，那时他将“人类 3.0”视为令人兴奋又令人恐惧的未来。随着 2022 年 11 月 Open AI 的 ChatGPT 3.5 公诸于世，瞬间宛如引爆奇点，我们不但在生活中使用人工智能，还可以让人工智能为我们生成文字、图像、声音、影像等多模态（Multi Modal）文本，称为 AIGC（AI Generated Content）或是 Gen AI（Generative AI）。套用科幻作家威廉·吉布森（William Gibson，1948-　）的话，“未来已经来了”（The future is already here）。这句话的下半段是：“只是尚未流行”（It's just not very evenly distributed），如今，未来不但已经来了，而且几乎无法忽视 AIGC 的存在。

借用“人类 3.0”的概念，我将人们因技术科学发展而影响生活和关系网络的变化也分为三个阶段。

1. 工业革命之前的人类 1.0 时代：重要的是人际关系，强调家庭伦理与社会秩序。

2. 人类 2.0 时代：机械替代人力，参与生产、消费、娱乐、服务等方面，在生活中越来越扮演重要的角色，人际关系叠加了人机关系。比如家庭电器、汽车往往由最常使用者主导；公共交通路线和设施影响地方开发，那是人际空间的延伸。

3. 人类 3.0 时代：也就是世界经济论坛的执行董事长克劳斯·施瓦布（Klaus Martin Schwab，1938-　）所称的“第四次工业革命”（The Fourth Industrial Revolution），数字化和人工智能对全球经济产生影响，通过技术融合，模糊了物理、数字和生物领域之间的界限。[①] 人类 3.0 时代，人际关系、人机关系，再叠加了人与互联网、虚拟世界和人工智能的关系。关系网络中相联的彼此可能在现实生活中毫无交集，甚至并非真人，促使我们塑造新的价值观。

人类 3.0 时代从 1990 年代互联网兴起开始，2020 年代 AIGC 工具广泛应用而成熟发展。读者可参看本书附录《科技发展大事年表》，一窥自 1940 年代起科学家的贡献，以及对我们生活的改变，预想 AIGC 工具可能造成的影响。

顺带一提，“人类 3.0”谈的是人类文明的进化演变，主体是人类基本还保有人类的外观。比如天生色盲，只能看到灰度的内尔·哈维森（Neil Harbisson，1982- ），[②] 2003 年起把芯片植入大脑，经由天线传感器“听到”颜色，包括对人类眼睛不可见的颜色，如紫外线和红外线。2004 年，他说服英国政府，认可那根传感天线是他身体的一部分，允许摄入他的护照照片，成为地球上第一个脑机相接的半机械赛博人（cyborg）。[③]

另外一个语词“后人类”（posthuman）指的是透过技术或进化发展的个体，完全脱离了人类原有的身体和心智限制，不再被视为传统意义上的人类。可能通过完全与机器融合、高度发达的人工智能或甚至数字意识的形式存在。

---

① https：//www.weforum.org/agenda/2016/01/the-fourth-industrial-revolution-what-it-means-and-how-to-respond/，2023 年 10 月 25 日。

② 内尔·哈维森的照片和近况可参看以下报道。本章附图 1-1 为 AI 根据内尔·哈维森的照片生成的示意图。https：//www.guinnessworldrecords.com/news/2023/12/worlds-first-cyborg-is-fighting-for-transpecies-rights-and-welcomes-ai-takeover-762197，2024 年 4 月 12 日。

③ 衣若芬：《未来已经来了》，新加坡《联合早报》2020 年 5 月 23 日。

图 1-1　人类 3.0 示意图（DALL · E3 生成）

“后人类”包括：

1. 基因改造生物：基因组成经过改造，使其拥有远远超出现有人类能力的个体，例如超长寿命、增强智力或超强体力等。

2. 机器人：具有有机和生物机电身体部分的混合体。想象一个因植入元件而获得增强功能的人，可以直接与技术、超强的力量、增强的感官，甚至额外的肢体或器官进行交互，这些肢体或器官的功能超出了人体自然部位的能力。

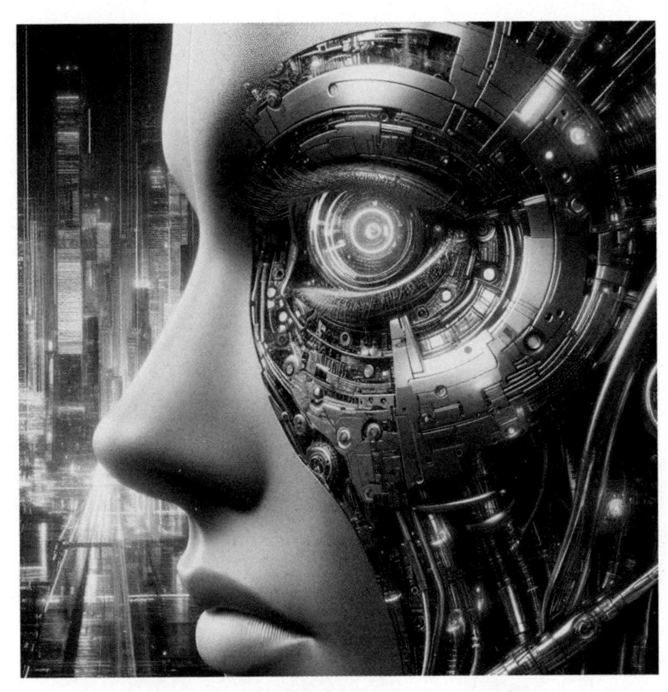

图 1–2　后人类示意图（DALL · E3 生成）

3. 数字上传的意识：后人类可能完全以数字形式存在。这可能涉及将人类意识上传到计算机或网络中，从而形成一种超越空间、时间和死亡的生物限制的存在形式。

4. 高度先进的人工智能—人类混合体：这些后人类的认知过程将与人工智能深度结合，赋予他们超人的智力、记忆和处理能力。他们可能拥有与其他机器或人工智能实体进行心灵感应互动的能力。

5. 生物工程超人：透过复杂的生物工程增强身体和思想的个体，具有对疾病的极度抵抗力、在恶劣环境（如太空或水下）中生存的能力，或拥有能进行光合作用的皮肤以利用太阳能的能力。[①]

这些例子都是推测性的，目前只存在于科幻小说和超人类主义和未来主义等领域的理论讨论中。它们阐释了后人类主义的理念，从根本上挑战了我们对生物学、认同、伦理和存在本身本质的理解。

第二节　AI 的发展

斯坦福大学蒋里（Li Jiang）教授提出“人工智能思维”（AI Thinking）的主张：

1. 知道 AI 如何运作。

2. 知道 AI 与人类的差别。

3. 知道如何与 AI 协作。[②]

本书受此启发，以 AIGC 为写作主题。AIGC 是 AI 发展过程中衍生的一种应用方式，在理解 AIGC 之前，让我们先概观 AI 的历史：人类为什么要研究 AI?

谈到机器为人类工作，有所谓 4D 环境和 4A 任务的说法。

---

① Rosi Braidotti, *The Posthuman*, Cambridge, U. K.; Malden, Mass.: Polity, 2013. N. Katherine Hayles, *How We Became Posthuman: Virtual Bodies in Cybernetics, Literature, and Informatics*, Chicago: University of Chicago Press, 1999. David Roden, *Posthuman Life: Philosophy at the Edge of the Human*, Abingdon, Oxon: Routledge, 2015. Zahi Zalloua, *Being Posthuman: Ontologies of the Future*, London, UK; New York, NY: Bloomsbury Academic, 2021. Cary Wolfe, *What is Posthumanism*, Minneapolis: University of Minnesota Press, 2010. Chris Hables Gray, *Cyborg Citizen: Politics in the Posthuman Age*, New York; London: Routledge, 2001.

② Survival Strategies in the Era of AI Taught by Stanford | Stanford AIRE Director, https://www.youtube.com/watch?v=ZA9K0JMrbWg，2023 年 3 月 15 日。

4D 指的是危险（Dangerous），单调（Dull），肮脏（Dirty）和困难（Difficult）。4A 则是协助（Assistance），自动化（Automation），自主（Autonomous）和增加生产（Augmentation）。意思是机器帮助或代替人类的手脚，让工作更轻松高效。人工智能的开发原先也是一样，以下是我和 ChatGPT4 的问答，部分内容不够准确，我修正过。

我：为什么发明 AI？最初的概念是什么？

ChatGPT：人工智能（AI）的发明和发展是为了模拟和扩展人类智能的能力，解决一系列复杂问题。最初的概念可以追溯到古希腊时期，那时人们就已经在思考机械自动化和智能行为。然而，现代 AI 的概念主要是在 20 世纪中叶形成的，当时计算机科学家和理论家开始探索通过计算机模拟人类思维的可能性。

AI 最初的核心概念主要围绕着以下几个方面：

1. 模拟人类智能：AI 旨在通过计算机程序或机器模拟人类的认知功能，如学习、推理、解决问题、知觉和使用语言。

2. 解决复杂问题：AI 的一个关键目标是处理那些对人类来说过于复杂或耗时的任务，例如大数据分析、复杂计算和模式识别。

3. 自动化和效率提升：通过自动化和优化工作流程，AI 可以提高工作效率，减少人类劳动的需求，特别是在重复性和计算密集型任务中。

4. 增强人类能力：AI 不仅仅关注替代人类的某些功能，也旨在增强人类的能力，例如辅助决策、预测分析和创新。

5. 探索人类智能的本质：通过创建和研究 AI 系统，科学家们可以更好地理解人类智能的工作原理和限制。[①]

我：发明 AI 时预想 AI 能为人类带来哪些好处？

ChatGPT：

1. 经济发展：AI 技术推动了经济增长，为企业创造了新的机遇和市场，同时也在某些行业中提高了生产力。

2. 提高人类生活质量：AI 在医疗保健、教育、交通等多个领域的应用有助于提高人类生活质量。例如，AI 在疾病诊断、个性化学习、智能交通系统中的应用。

3. 科学和技术探索：AI 可以帮助人类在科学研究和空间探索等领域取得突破，例如分析天文数据、模拟复杂的科学过程。

4. 应对人口老龄化和劳动力短缺：随着人口老龄化，AI 和机器人技术可以帮助应对劳动力短缺的问题，特别是在需要大量劳动力的领域。

我：这些理想实现了吗？

ChatGPT：与最初构想一致的方面：

1. 模拟人类智能：最初的 AI 概念旨在模拟人类的认知能力，包括学习、推理、解决问题和语言理解等。现代 AI，特别是机器学习和深度学习技术，在这些方面取得了显著进展。

2. 自动化和效率提升：AI 的早期目标之一是自动化复杂任务和提高效率，现代 AI 系统在数据处理、模式识别、语言

---

① OpenAI ChatGPT，2024 年 1 月 18 日。

翻译等领域实现了这一目标。

3. 解决特定问题：早期 AI 研究集中于解决特定问题，如象棋和数学问题。现代 AI 在这些领域取得了巨大成功，例如 IBM 的深蓝（Deep Blue）击败国际象棋世界冠军。

我：有哪些还待努力呢？

ChatGPT：早期人工智能（AI）的目标中，有几个关键目标至今仍未完全实现或面临重大挑战：

1. 强人工智能（Strong AI）或通用人工智能（Artificial general intelligence，AGI）：这是指一个具有广泛认知能力的 AI 系统，能够像人类一样在各种情境中理解、学习和适应。目前的 AI 技术，主要是弱人工智能，专注于特定任务的智能，而不是具有全面和灵活的认知能力。

2. 完全自主的机器学习：虽然机器学习在自我改进方面取得了进展，但 AI 系统通常仍需人类的干预，例如在模型设计、训练数据选择和调整参数等方面。实现完全无须人工干预的自主学习仍是个挑战。

3. 完全自然的人机交互：尽管语音和语言处理技术已取得显著进展，但 AI 系统在理解和产生完全自然、流畅、多维度的人类语言和交互方面仍然有限。

4. 情感智能和社会理解：AI 在理解和模拟人类情感、社会规范和复杂人际关系方面仍然相对原始。这不仅涉及技术挑战，也涉及伦理和社会问题。

5. 可解释性和透明度：随着 AI 系统变得越来越复杂，特别是在深度学习方面，其决策过程的可解释性和透明度成为一

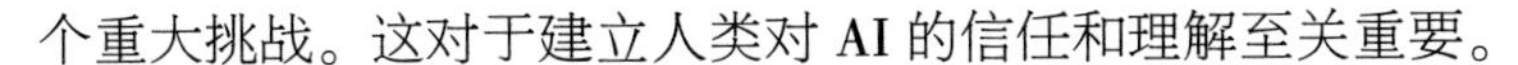

个重大挑战。这对于建立人类对 AI 的信任和理解至关重要。

6. 伦理、法律和社会影响：早期的 AI 研究可能没有充分预见到 AI 技术的伦理、法律和社会影响。例如，关于隐私、偏见、责任归属以及 AI 决策对社会的影响等问题，仍然是需要深入探讨和解决的挑战。

我：简述 AI 发展的历史。

ChatGPT：从 1950 年代起到 2023 年，AI 的发展主要经历了以下几个阶段和关键事件：

1. 早期探索（1940s—1950s）

- 1943 年：沃伦·麦卡洛克（Warren Sturgis McCulloch，1898-1969）和沃尔特·皮茨（Walter Pitts，1923-1969）提出了神经网络的最早概念，这是第一次尝试用数学模型来模拟人脑功能。
- 1950 年：艾伦·图灵（Alan Mathison Turing，1912-1954）发表了著名的“图灵测试”，提出了一个判断机器是否能够展示人类智能的测试方法。
- 1956 年：在达特茅斯会议（Dartmouth Summer Research Project on Artificial Intelligence）上，约翰·麦卡锡（John McCarthy，1927-2011）首次提出了“人工智能”这个术语，这标志着 AI 作为一个独立研究领域的诞生。

2. 早期 AI 程序和研究（1950s—1960s）

- 1950s：AI 研究集中于规则推理和逻辑。这个时期的代表作包括艾伦·纽厄尔（Allen Newell，1927-1992）和赫伯特·西蒙（Herbert Alexander Simon，1916-2001）

的“逻辑理论家”程序，这是第一个成功运行的 AI 程序之一。

- 1960s：产生了一些有影响力的 AI 程序，如 ELIZA（一种早期的自然语言处理程序）和 SHRDLU（一种早期的语言理解程序）。

3. 第一次 AI 冬天（1974—1980）

- 由于 AI 研究未能满足过高的期望，资助减少，研究进展缓慢，这一时期被称为“AI 冬天”。

4. 专家系统的兴起（1980s）

- 1980s：这个时期，AI 主要集中在专家系统的开发，这些系统在医学、化学和工程等领域取得了实际应用。

5. 第二次 AI 冬天（1987—1993）

- 专家系统的局限性和维护成本导致了第二次 AI 冬天。

6. 机器学习的崛起（1990s—2000s）

- 1990s：随着互联网的兴起和数据量的增加，机器学习开始成为 AI 的主流方法。
- 1997 年：IBM 的“深蓝”战胜了国际象棋世界冠军加里·卡斯帕罗夫，这是 AI 在特定领域超越人类的里程碑。

7. 深度学习和 AI 革命（2010s—现在）

- 2012 年：AlexNet 在图像识别领域取得了突破性成果，标志着深度学习时代的到来。
- 2010s：深度学习技术在语音识别、视觉识别、自然语言处理等多个领域取得了显著进展。
- 2016 年：谷歌的 AlphaGo 战胜世界围棋冠军，展示了深度学习和强化学习结合的强大能力。

- 2020s：随着大规模预训练模型如 OpenAI 的 GPT 系列的出现，AI 在文本生成、对话系统和更广泛的应用场景中显示出强大的潜力。

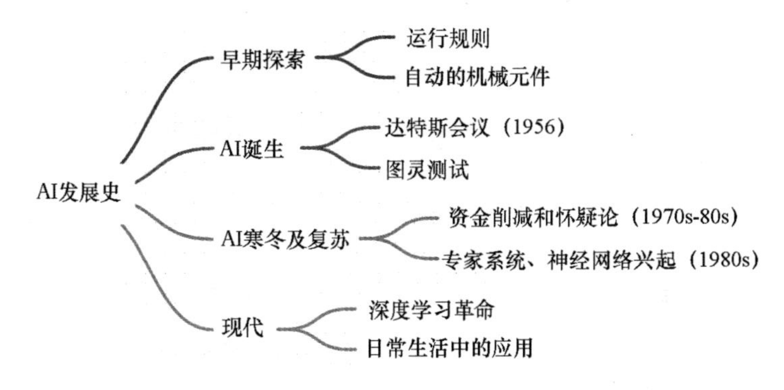

图 1-3　AI 开发历史（Whimsical 生成）

第三节　AI 和 AIGC

AI 生成内容并不是 AI 最初的核心设想，但它是 AI 发展过程中逐渐涌现的一个重要领域。最初的 AI 研究主要集中在模拟和扩展人类智能，例如学习、推理、解决问题和语言理解。随着技术的发展，AI 在这些领域取得了显著的进步，从而使得生成内容成为可能。

我：介绍 AIGC 的发展背景。

ChatGPT：

1. 技术进步：随着机器学习和深度学习技术的进步，AI 在处理和理解大量复杂数据方面的能力显著增强。这使得 AI

能够更好地理解和模拟人类语言、图像和音乐等内容，从而产生了生成这些类型内容的能力。

2. 数据的可用性：互联网带来了海量的数据，包括文本、图片、视频和音频等，这为 AI 提供了丰富的学习材料，使得 AI 能够通过这些数据学习和模仿，生成各种风格和结构的内容。

3. 计算能力的提升：更强大的计算能力使得 AI 模型能够处理大规模的数据集，并执行复杂的算法，这对于生成高质量的内容至关重要。

4. 市场和应用需求：随着社会对个性化、自动化和高效率内容生成的需求增长，AIGC 开始成为一个重要的应用领域。

我：为什么发明和发展 AIGC？

ChatGPT：

1. 提高效率和生产力：AIGC 技术可以自动化许多创意和内容制作过程，从而节省时间和劳力。这对于需要大量内容，如新闻机构、社交媒体营销和教育领域特别有用。

2. 创新和创造力的激发：人工智能可以产生独特和创新的内容，激发人类的创造力。它可以提供新的灵感和视角，帮助艺术家和设计师探索前所未有的创作领域。

3. 个性化内容的创建：AIGC 可以根据个人偏好和需求生成定制内容。这在教育、娱乐和广告等领域尤为重要。

4. 语言和文化障碍的克服：AIGC 技术可以帮助克服语言障碍，通过自动翻译和内容生成，使信息和知识更加普及和易于获取。

5. 支持无障碍内容的创建：通过生成符合特定需求的内容（如为视障人士创建音频描述），AIGC 有助于提高内容的无障碍性。

6. 数据和信息的解析：AIGC 可以处理和解释大量数据，将其转化为易于理解和吸收的格式，这对于新闻报道、科学研究和市场分析等领域至关重要。

7. 成本节约：通过自动化和优化内容生成流程，AIGC 可以降低生产成本，特别是在需要大量或频繁更新内容的场合。

8. 新业务和就业机会的创造：AIGC 开辟了新的商业领域和职业道路，如 AI 内容策略师、数据驱动的创意设计等。

我：AIGC 能做什么？

ChatGPT：

1. 新闻和报告：人工智能可以自动生成新闻报告，尤其是对于标准化的内容，如天气预报、体育赛事结果和财经数据报告。例如，一些新闻机构已经使用 AI 来自动生成新闻快讯，这可以极大地提高新闻报道的速度和效率。

2. 社交媒体内容制作：AIGC 可以用于产生引人注目的社交媒体帖子，包括文本、图像和视频内容。这对于营销和品牌宣传特别有用，因为它可以快速生成大量富有吸引力的内容，以吸引观众。

3. 教育和学习材料：人工智能可以根据学生的学习习惯和理解能力定制教学材料。例如，AI 可以生成针对学生个别需求的练习题和教学视频，从而提供更个性化的学习体验。

4. 艺术和创意设计：艺术家和设计师可以使用 AIGC 作为创作工具，创造独特的艺术作品和设计元素。例如，AI 可以生成复杂的图形设计，或者提供在传统手工方式难以实现的新颖构图。

5. 游戏开发：在游戏设计中，AI 可以用来生成复杂的游戏环境、角色和情节。这不仅提高了游戏开发的效率，而且还可以创造出更丰富多变的游戏体验。

6. 个性化广告：AIGC 能够根据用户的历史行为和偏好生成个性化的广告内容。这样的定制广告更有可能吸引用户的注意力，提高广告的有效性。

7. 无障碍内容制作：例如，AI 可以自动生成视频内容的字幕或音频描述，提高内容的无障碍性，使残障人士能更好地访问和享受媒体内容。

8. 数据可视化和解释：对于处理大量数据的行业（如金融分析、市场研究），AI 可以将复杂的数据集转化为易于理解的图表、报告和总结。

9. 自动化翻译：AIGC 在翻译服务方面的应用，使内容可以快速且准确地被翻译成多种语言，有助于跨文化交流和全球信息的共享。

10. 音乐和声音制作：人工智能甚至可以用于创作音乐和声效。AI 音乐制作程序可以根据给定的风格或主题创作新的音乐作品，对于电影配乐、游戏声音设计等领域尤其有用。

通过这些例子，我们可以看到 AIGC 在不同领域的广泛应用和其带来的好处。AIGC 不仅提高了效率和生产力，还开辟了新的创意和个性化内容创作的可能性。本书将在其他章节再加叙述。

我：AIGC 的未来方向？

ChatGPT：

1. 更高级的认知能力：研究者正在努力赋予 AI 更高级的认知和情感理解能力。

2. 伦理和社会影响：随着AI技术的普及，其伦理、法律和社会影响也成为重要的研究领域。

3. 人机协作：AI未来的发展可能更加注重与人类的协作和互补，而不是简单替代。

总的来说，AI的发展是一个不断进化的过程，涉及技术创新、社会需求和伦理考量的综合体。随着技术的进步，AI将在更多领域发挥重要作用，同时也带来新的挑战和机遇。

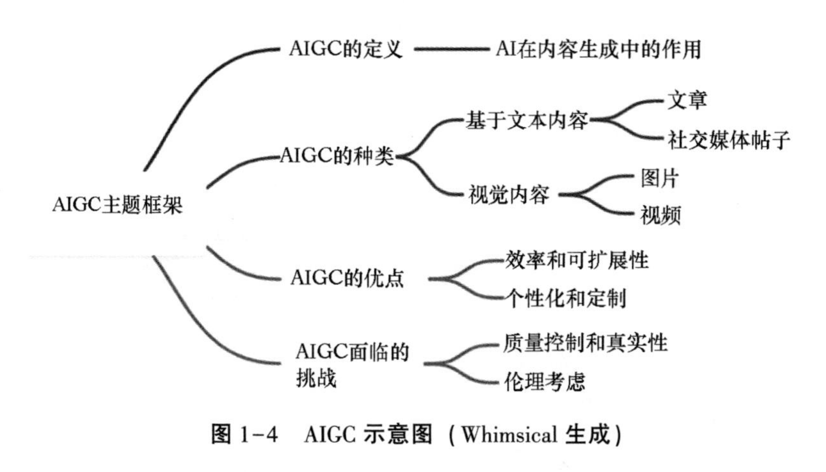

图1-4　AIGC示意图（Whimsical生成）

第四节　从PGC到AIGC以及未来

AIGC是继专业生产内容（PGC，Professional-generated Content）、使用者生产内容（UGC，User-generated Content）之后的新型内容创作方式。以书法为例，在PGC阶段，向公众发表个人作品者主要都是艺术造诣达到一定水平的书法家，发表有典型的示范意味。到了UGC阶段，尤其是互联网普及、移动通信便利之后，人人都可以将自己的作品照相上传，自诩为书法家。或是扫描字帖，进行再创制，成为图像设计师。AIGC 只需要下指令，让 AI 完成图像输出，不但简单迅速，生成图像千变万化，有时还可能超出人们的想象。

AIGC 能够运作，基本要靠计算机硬件，比如 NVIDIA（英伟达）生产的图形处理器（graphics processing unit，GPU），通过云端平台，ChatGPT 之类的语言模型，导入 Midjourney 之类的制图软件，而后生成图片，过程如图 1-5。后来 ChatGPT4 和 Copilot 等都可以连接 DALL · E 生成图像，更为便捷。

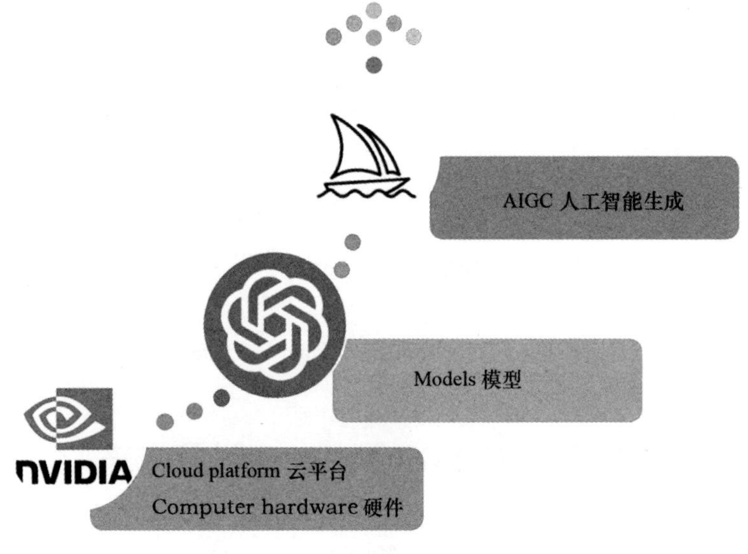

图 1-5　AIGC 流程（衣若芬制图）

艾瑞咨询在《2023 年中国 AIGC 产业全景报告》中表示：现阶段 AIGC 主要在 UGC 与 PGC 中进行渗透，[①] 也就是还无法

① 艾瑞咨询：《2023 年中国 AIGC 产业全景报告》（2023 年 8 月），https：//report. iresearch. cn/report/202308/4227. shtml，2024 年 2 月 20 日。

完全从指令自动生成所有类型的内容，AIGC 还不成熟，只能辅助 UGC 和 PGC 完成任务。不过，2023 年 10 月 OpenAI 公司已经把通用人工智能（AGI）当成核心理念发布在官网，显示其极力开发的决心。

在 AIGC 阶段，人类下指令生成单一文本；AGI 阶段则和人类智能一样，可以完成整体项目，协助或主导人类生活。以医疗为例，AIGC 做的是图像识别，帮助医生判断病症；AGI 则可以提供完整的治疗方式。继续发展 AI，可能 AI 会自我进化迭代，将拥有心灵，超越人类，成为地球上的顶级物种（apex），称为超级人工智能（Artificial super intelligence，ASI），届时，ASI 将不受人类控管，决定哪些人值得存活，就像导演库布里克（Stanley Kubrick，1928-1999）1968 年的电影《2001 太空漫游》（*2001：A Space Odyssey*）里面的情节，AI HAL9000 发现太空人戴维与法兰克打算将它的主机关闭，于是先杀害法兰克，戴维知道法兰克遇害，将 HAL 的电源系统关闭。然而，那毕竟是 AI 还很初期时的想象，人们担心真的到了超级人工智能（ASI）阶段，AI 有不断电装置，问题就不是切断电源可以简单解决的了。

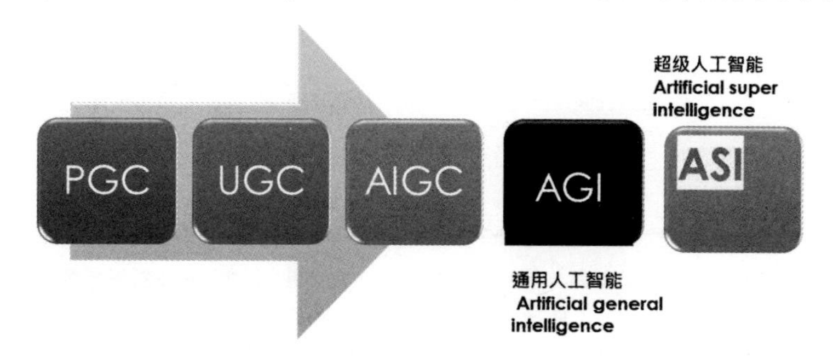

图 1-6 从 PGC 到 ASI（衣若芬制图）

另一个关于 AIGC 的未来推想，是 AIGM 元宇宙（AI-Generated Metaverse），[①] “是指由人工智能生成的元宇宙。元宇宙是一个虚拟的三维空间，由各种虚拟场景和物体组成，用户可以在其中自由地移动和交互。AIGM 则更进一步，利用人工智能技术自动生成元宇宙中的虚拟场景和物体，极大地丰富了元宇宙的内容，提高了用户体验。AIGM 的应用场景非常广泛，比如虚拟游戏、虚拟社交、虚拟购物、虚拟展览等等”[②]。以目前元宇宙和相关设备开发的情形看来，AIGM 元宇宙的实现将早于 ASI。你期待看见或体验 AIGM 元宇宙吗？

延伸活动・思考练习

日常生活中有什么经验和例子让你觉得进入了人类 3.0 的时代？请不要借助 AI，自己书写或图画表现人类 3.0。

① 北京清华大学新闻与传播学院元宇宙文化实验室：《AIGC 发展研究报告 1.0 版》，2023 年 5 月 12 日发布。https：//www.smartcity.team/reports/aigc%E5%8F%91%E5%B1%95%E7%A0%94%E7%A9%B6%E6%8A%A5%E5%91%8A/，2024 年 2 月 18 日。

② https：//developer.aliyun.com/article/1340738，2024 年 3 月 3 日。

第二章　为什么我们需要知道 AIGC

第一节　日常生活中的 AIGC

AIGC 已经渗透了我们的日常生活，如果你是手机的重度使用者，又特别喜欢拍照，尤其是自拍，无论是手机自带修图功能，还是使用美颜应用 App，你就是 AIGC 的制造者。根据艾瑞咨询《2022 年中国美颜拍摄类 APP 用户营销价值洞察报告》，2021 年美颜拍摄行业用户规模已达到 3.5 亿，截至 2021 年 12 月，美颜拍摄行业渗透率达到 22.7%，超过 60%的用户每天至少使用一次。①

我的文图学课程每星期都有“动手做”的练习，让同学们通过亲手操作理解文图学的概念和理论。谈“元文本”和“次文本”的互文关系，以及自我形象建构的话题，我请同学们自拍照片，一张没有修图，另一张照自己喜欢的样子尽量修图。学生纷纷反应：

---

① https://pdf.dfcfw.com/pdf/H3_AP202205181566269883_1.pdf?1652869255000.pdf，2024 年 2 月 18 日。

> 我不能呈现自己没修图的长相！
> 宁可不化妆素颜也要修图！
> 手机自带美颜啊！
> 我的是助攻神器，P 图是为了还原我天生的美颜……

大家还是如期完成了作业，每个人上台展示和介绍自己的作品。我才知道，拍照美颜已经细化到我难以想象的程度。以前不就是美白、磨皮、去除斑点、增大眼睛、红润嘴唇、缩小下巴嘛！如今还要增加发量、修整额头、调高鼻子，甚至修饰耳朵……

我说："这哪是真正的自己？你们怎么那么深的容貌焦虑？"

学生反驳道："老师这不是容貌焦虑，这是自信！是爱自己！"

我说："你们爱的是 AI 生成的自己呢。"

那些 AIGC 技术形成的"我"，经年累月，会不会成为真正的"我"的样貌？

即使不用美颜相机，我们也在享受着 AIGC 的成果。AIGC 的文字、图像、音频、影像充满在文化娱乐中，自不待言。斯坦福大学教授，Coursera 共同创办人，DeepLearning. AI 创办人吴恩达（Andrew Ng，1976-　）教授在 2023 年 9 月 25 日的一场演讲"AI 带来的新机会"（Opportunities in AI），发表对监督式学习与生成式 AI 未来趋势的观察。① 我结合吴教授的演讲，参考 Chat-

① https：//futurecity. cw. com. tw/article/3227，2023 年 11 月 25 日。

GPT 和 Copilot 看看用 AIGC 技术对我们的衣食住行的助益。

一　饮食

吴教授谈到："我们正与（台湾）一家农业机具公司合作，利用摄影机与计算机视觉技术，侦测小麦高度，并割下符合收成规格的麦子，借此获得更多粮食、对环境更好。"① 这是从农业方面使用 AIGC 的例子。

我在 2024 年 2 月 18 日拍了一张食材的照片，让 Copilot 告诉我可以怎么烹调。

它的辨识结果：

根据您传送的图片，这是一些可以用来做成各种不同的食物的食材，例如炒菜、汤或烤肉等。这些食材包括：

一包生肉，可能是牛肉或猪肉，有机认证，重量约 500 克。

一个鸡蛋，富含蛋白质和维生素，可以用来煎、煮、炒或做成蛋糕等。

一个洋葱，有助于增加食物的香气和甜度，可以用来炒、炖、煎或做成沙拉等。

一包日式食品，可能是味噌汤的调理包，含有味噌、海苔、葱花等，只要加水加热就可以做成味噌汤。

① https：//futurecity. cw. com. tw/article/3227，2023 年 11 月 25 日。还可以参考《AIGC：推动智慧农业革命的关键驱动力》https：//developer. aliyun. com/article/1212331，2024 年 2 月 18 日。

图 2-1　让 AI 辨识的食材照片（衣若芬摄影）

4 样食材第一种是牛肉，鸡蛋和洋葱它都答对了，而且我故意拿了切过的洋葱，造型和完整的洋葱不大一样，可能是洋葱表皮的纹理很容易辨识。最后一种是豆腐，它没有辨识出来。

它建议："如果您想要自己做一些食物，您可以参考以下的食谱（附网络链接）。"然后告诉我可以做烤肉、洋葱煎蛋、味噌汤。并且提供食谱和作法步骤。还问我要不要计算食物的卡路里。

二 衣着

如果你经常上网购物，比如买衣服，你可能会注意到网页上的模特儿长得挺像，那些都是 AIGC 的图片。没有实际真人拍摄，当然，连衣服也是生成的图像。用虚拟试衣间的 APP 先瞧瞧自己穿上那款服装的效果再决定要不要下单吧。

AIGC 可以分析大量时尚数据，预测未来的流行趋势，帮助品牌和设计师提前准备新一季的服装系列。创建虚拟时尚秀，展示由 AI 生成的服装设计，观众可以通过虚拟现实（Virtual reality，VR）或增强现实（Augmented Reality，AR）技术在线观看。

三 住宅

从装修建议、室内设计、家居布置、智能家居系统、能源管理，到家庭安全监控，都可以做图像虚拟、成本估算、自动调整室内温度、照明和音乐。AIGC 集成的安全摄像头可以监管识别异常活动，及时提醒家庭成员，确保安全。

四 交通

AIGC 技术可以用于创建虚拟驾驶体验，模拟训练环境，帮助用户在安全的环境中体验和学习驾驶技巧，或者预览不同的驾驶路线。可以让 ChatGPT 等帮忙规划旅游出行的计划，更能符合自己的实际需求。

既然如此，随着 AIGC 技术进展，渗透力越来越强大，我们必须具备对于 AIGC 的基本认知。

第二节　AIGC 的益处和弊端

AIGC 在日常生活中应用广泛，我们是不是就能一股脑儿热烈投入和拥抱 AIGC 呢？且慢，AIGC 是工具，存在一体两面，北京清华大学《AIGC 发展研究报告 1.0 版》① 提醒人们 AIGC 对人类思维的正面和负面影响，我结合 ChatGPT 和 Copilot②，归纳 AIGC 的 18 个优点和缺点：

一　益处

1. 自动化与效率提升：AIGC 能够自动生成大量内容，减轻了人力成本和时间压力。它可以快速生成各种形式的内容，如文章、新闻、报告等，提高了工作效率。

2. 个性化与定制化：AIGC 可以根据用户需求和喜好生成个性化的内容。它可以根据用户的历史数据和偏好进行推荐和定制，为用户提供更加个性化的体验。

3. 创造力与创新：AIGC 能够通过学习和模仿大量的数据，

① 北京清华大学新闻与传播学院元宇宙文化实验室：《AIGC 发展研究报告 1.0 版》，2023 年 5 月 12 日发布。https：//www.smartcity.team/reports/aigc%E5%8F%91%E5%B1%95%E7%A0%94%E7%A9%B6%E6%8A%A5%E5%91%8A/，2024 年 2 月 18 日。

② OpenAI Chat GPT，Microsoft Copilot，2024 年 2 月 18 日。

生成新颖的创意和想法。它可以辅助创作和设计过程，为创作者提供灵感和创新的素材。

4. 个性化内容：AIGC 能够根据用户的偏好和行为生成个性化内容，提高用户体验。

5. 成本节省：相比于传统的内容创作，AIGC 可以降低成本，特别是在大规模内容生产时。

6. 多语言支持：AIGC 可以轻松地生成多种语言的内容，促进全球化交流。

7. 灵活性：AIGC 可以适应不同领域和场景的需求，生成符合特定要求的内容。

8. 实时更新：AIGC 能够快速响应新信息和变化，实时更新内容。

9. 辅助决策：在数据分析和报告生成方面，AIGC 可以帮助企业和组织做出更准确的决策。

10. 教育应用：AIGC 可以为教育提供个性化学习材料和辅助教学工具。

11. 可扩展性：AIGC 技术可以轻松扩展，以满足不断增长的内容需求。

12. 无障碍内容：AIGC 可以帮助创建适合残障人士的无障碍内容，比如将文本转换成语音或者生成简化版的内容。

13. 文化传播：AIGC 可以促进不同文化之间的交流，通过翻译和内容定制化，将一种文化的知识和价值观传播到其他文化中。

14. 科研助手：AIGC 可以协助科研工作，比如文献搜索、数据分析和实验设计等，提高科研效率。

15. 灾难响应：AIGC 可以在自然灾害或紧急情况下快速生成有用的信息和指南，帮助人们做出反应。

16. 历史保存：AIGC 可以用于数字化和保存历史文献、艺术品和文化遗产，促进历史知识的传承和保护。

17. 健康咨询：AIGC 可以提供个性化的健康建议和信息，辅助医疗决策和患者教育。

18. 娱乐多样化：AIGC 可以创造多样化的娱乐内容，满足不同人群的兴趣和需求。

二　弊端

1. 可信度与真实性：AIGC 生成的内容可能存在可信度和真实性的问题。它可能无法区分事实和虚构，造成误导或产生误解。

因此，验证和审查生成的内容的真实性是一个重要的挑战。

2. 版权与道德问题：AIGC 可能会侵犯他人的知识产权和版权，复制他人的作品。此外，AIGC 也可能生成不道德或有害的内容，如虚假信息、仇恨言论等。

3. 就业与社会影响：AIGC 的发展可能对某些行业和职业产生影响，导致失业问题。例如，一些传统的文案写作和编辑工作可能会被 AIGC 取代，从而对就业市场产生冲击。

4. 质量不稳定：AIGC 生成的内容可能存在质量不一的问题，需要人工审核和校对。

5. 创意限制：虽然 AIGC 可以产生创意，但它的创造力仍然受限于训练数据和算法。

6. 依赖性增加：过度依赖 AIGC 可能会减少人类的创作能

力和批判性思维。

7. 数据偏见：AIGC 的输出可能会反映其训练数据中的偏见，导致不公平或歧视性的内容。

8. 技术门槛：AIGC 的开发和应用需要较高的技术水平，可能限制其普及。

9. 失业问题：AIGC 可能会在某些领域替代人类工作，导致失业问题。

10. 信息过载：AIGC 能够大量快速地生成内容，可能导致信息过载，使人们难以筛选和处理重要信息。

11. 安全风险：AIGC 可能被用于生成虚假信息或恶意内容，引发网络安全问题。

12. 文化多样性损失：过度依赖 AIGC 可能导致内容的同质化，损害文化多样性。

13. 认知负荷：AIGC 生成的内容可能会增加用户的认知负荷，特别是当内容复杂或量大时，用户可能难以理解和吸收。

14. 社会隔离：过度依赖 AIGC 生成的内容可能导致人与人之间的交流减少，增加社会隔离感。

15. 技术垄断：AIGC 技术的发展可能导致少数大公司控制市场，形成技术垄断，限制竞争和创新。

16. 心理健康：过度依赖 AIGC 生成的内容可能影响人们的心理健康，比如增加孤独感、焦虑或沉迷。

17. 文化同质化：AIGC 可能导致内容的文化同质化，减少多样性和原创性。

18. 技术依赖：过度依赖 AIGC 技术可能导致人们的技能退化，比如写作、阅读和批判性思维能力的下降。

AIGC 可以在内容生成、个性化推荐、艺术创作、智能助理、数据分析等领域带来诸多机遇和优势。为了继续发展并规避潜在风险，需要采取相应措施，确保 AIGC 的健康发展，并最大程度地发挥其潜力，例如：

1. 制定相关的技术规范和监管政策，确保 AIGC 的内容质量和合规性。

2. 加强研究与发展，提高生成内容的质量和真实性。同时，注重伦理问题的研究，确保 AIGC 的应用符合道德和社会价值。

3. 加强用户教育与意识提高，提高对 AIGC 生成内容的辨识能力和批判思维。

4. 建立多方合作与问责机制，共同解决 AIGC 发展中的挑战与风险。①

第三节　哪些行业会受到 AIGC 影响

2023 年 12 月 7 日，我应高雄科技大学邀请，谈 AIGC 文图学。演讲之前，我先对听讲的同学们做了简单的问卷调查，48.3%的回应表示担心 AI 太强大会危害人类；34.5%表示不用担心；17.2%认为“随便，那是科学家的事”。谈到 AI 对人类的益处，大家普遍认为是自动化带来的便利；坏处是工作可能会减少和被取代。

AI 会取代人类吗？我们怎样自保呢？

---

① 《AIGC 给生活带来的优势和劣势分析》，阿里云开发者社区，https：//developer. aliyun. com/article/1211904，2024 年 2 月 10 日。

世界经济论坛提出 2023 年职场需求的 10 项技能：

1. 分析性思维
2. 创造性思维
3. 弹性、灵活性和敏捷性
4. 动机和自我意识
5. 好奇心和终身学习
6. 科技素养
7. 可靠性和对细节的关注
8. 同理心和积极倾听
9. 领导力和社会影响力
10. 品质管理[①]

在《2023 年未来就业报告》中，谈到未来五年可能发生的工作变化：到 2027 年，约有 23%的工作预计会发生变化，6900 万个新的工作岗位将会出现，8300 万个工作机会将会消失。增长最快的工作岗位是人工智能和机器学习的专家。可持续发展的领域有：商业智能分析师和信息安全专家。绝对值增长幅度最大的领域是教育、农业和电子商务。[②]

如前文所述，AIGC 也可以应用于农业生产，结合吴恩达教授认为 AIGC 未来三年会翻倍增长，也就是说，关于未来五年的工作不少都会受到 AIGC 影响。麦肯锡全球研究院（MGI）研究

① https://www.weforum.org/press/2023/04/future-of-jobs-report-2023-up-to-a-quarter-of-jobs-expected-to-change-in-next-five-years，2023 年 11 月 10 日。

② https://www.weforum.org/docs/WEF_Future_of_Jobs_2023_News_Release_CN.pdf，2023 年 11 月 10 日。

发现，目前劳动者 50%左右的工作可能在 2030 年前被自动化。仅中国就有约 2.2 亿个岗位可能被 AIGC 等自动化技术重塑。[①] 麻省理工学院的研究显示，使用 ChatGPT 的工作人员生产力提高了 37%，这是“工业革命级别的”效率增益[②]。斯坦福大学和国家经济研究局（National Bureau of Economic Research，NBER）的研究人员进行的研究也发现，一家零售公司的客户服务代理使用基于 AIGC 的对话助手平均提高了 14%的生产力。[③]

麦肯锡全球研究院指出：“放眼全球，生成式 AI 对高科技行业将产生最为显著的影响；在中国，先进制造、电子与半导体、包装消费品、能源与银行将是受影响最为显著的 5 大行业。”[④] 在细分领域方面，受 AIGC 影响最大的有：

1. 客户互动：包括客户服务与销售。

① 沈恺、童潇潇、于典、王凌奕：《生成式 AI 在中国：2 万亿美元的经济价值》，2023 年 6 月发布。https://www.mckinsey.com.cn/%E7%94%9F%E6%88%90%E5%BC%8Fai%E5%9C%A8%E4%B8%AD%E5%9B%BD%EF%BC%9A2%E4%B8%87%E4%BA%BF%E7%BE%8E%E5%85%83%E7%9A%84%E7%BB%8F%E6%B5%8E%E4%BB%B7%E5%80%BC/，2024 年 2 月 20 日。

② Shakked Noy，Whitney Zhang，“Experimental Evidence on the Productivity Effects of Generative Artificial Intelligence”，https://economics.mit.edu/sites/default/files/inline-files/Noy_Zhang_1.pdf，2024 年 2 月 17 日。

③ “Generative AI boosts productivity and performance of customer support，study finds”，https://www.warpnews.org/artificial-intelligence/generative-ai-boosts-productivity-and-performance-of-customer-support-study-finds/，2024 年 2 月 18 日。

④ 沈恺、童潇潇、于典、王凌奕：《生成式 AI 在中国：2 万亿美元的经济价值》，2023 年 6 月发布。https://www.mckinsey.com.cn/%E7%94%9F%E6%88%90%E5%BC%8Fai%E5%9C%A8%E4%B8%AD%E5%9B%BD%EF%BC%9A2%E4%B8%87%E4%BA%BF%E7%BE%8E%E5%85%83%E7%9A%84%E7%BB%8F%E6%B5%8E%E4%BB%B7%E5%80%BC/，2024 年 2 月 20 日。

2. 办公室支持：指秘书与行政助理。

3. IT 专业人士：包括 IT 与软件工程师。

4. 创意与艺术：包括网页与数字界面设计师，编辑与作家。

5. 商业法律专业人士：包括会计与审计员，口译与笔译员，法律专业人士，新闻分析师，记者与新闻工作者，财务分析师。

李飞飞教授领导的斯坦福大学人本人工智能研究所（Stanford University Institute for Human-Centered AI，HAI）在 4 月 15 日发布了《2024 年人工智能指数报告》（Artificial Intelligence Index Report 2024）[①]。报告显示：

1. 截至 2023 年，人工智能在许多重要的基准检验上已达到人类水平的表现，包括图像分类、英语解读和阅读理解。人工智能继续追赶人类智能的部分则有视觉推理、多任务语言理解以及竞争级数学。

2. 美国、中国、英国是全球私人投资 AI 的前三名。其中 AIGC 领域吸引了 252 亿美元的投资，几乎是 2022 年的 9 倍，大约是 2019 年的 30 倍（可以称之为 ChatGPT 效应）。AIGC 占 2023 年所有 AI 相关私人投资的四分之一以上。美国投资最多，金额为 672. 2 亿。中国次之，有 77. 6 亿美元。

3. 越来越多公司正在其业务的某些部分实施 AI，在调查

① https：//aiindex. stanford. edu/report/https：//www. bloomberg. com/news/videos/2024-04-17/stanford-hai-on-2024-ai-global-index-report-video；https：//hai. stanford. edu/news/ai-index-state-ai-13-charts2024 年 4 月 17 日

中，55%的组织表示他们在 2023 年使用 AI，主要用于自动化联络中心（客服）、个性化内容和获取新客户。

4. 全球大多数人预期 AI 将改变他们的工作，超过三分之一的人预期 AI 将取代他们。其中，66%的 Z 世代（1997 年至 2012 年出生）受访者认为 AI 将对他们目前的工作产生显著影响。

在 AIGC 尚在科学家潜心研究之际，谈到 AI，我们主要想到的是制造业，机器自动化生产，代替人类从事重复、繁杂或高危险的体力劳动，那时担心会被 AI 淘汰的是蓝领工作。谁想到，当 AI 爆发涌现生成文字、图像、音频、视频的能力，原本以为只有人类才具有的创造力，竟然让 AI 以快速生成的方式大量产出了！AIGC 的品质和内容真伪固然是值得怀疑和必须提高警觉的问题，然而，即使是人类，也会做出品质低劣和内容粗糙甚至错误百出的文本，怎能要求 AI“出道即巅峰”呢？何况，起初公开的 AIGC 技术的平台和软件大部分是免费，用人类说话的自然语言就能发送指令，知识背景和经济负担的门槛几乎为零，好奇如我的人跃跃欲试，没准玩出什么大花样，不也是天赐良机吗？

以文化艺术为核心，通过知识产权保护创造经济价值和社会影响的文化创意产业，不得不直面 AIGC 的冲击。文化创意产业包括但不限于以下几个领域：

1. 视觉艺术和工艺：包括绘画、雕塑、摄影、工艺品等传统艺术形式，以及通过新技术手段创作的视觉艺术作品。

2. 表演艺术：涵盖戏剧、舞蹈、歌剧、杂技、魔术等现场表演艺术形式。

3. 音乐：包括作曲、演奏、录音、音乐制作和分销等活动。

4. 文学和出版：涉及书籍、杂志、报纸、电子书籍和其他出版物的创作、编辑和出版。

5. 电影和视频：包括电影和电视节目的制作、发行和展示活动。

6. 广播：包括广播电台的运营，以及通过广播形式传播的音频内容的制作和分销。

7. 新媒体：包括数字艺术、视频游戏、虚拟现实（VR）、增强现实（AR）和社交媒体内容等新兴形式的文化和创意表达。

8. 设计：涵盖工业设计、时尚设计、室内设计、平面设计等，包括产品、交互和视觉传达设计。

9. 建筑和景观设计：不仅包括建筑设计和城市规划，也涵盖了景观设计和室内装饰设计。

10. 文化旅游和遗产：涉及文化遗产的保护和利用，以及以文化体验为主的旅游活动。

11. 艺术市场和文化展览：包括艺术品和手工艺品的交易市场，以及博物馆、画廊和展览会的组织和管理。

12. 游戏：电子游戏和互动媒体。

文化创意产业的特点在于强调文化价值和创意内容的原创性，通过结合文化艺术与商业运营，制造、生产和分销文化产品和服务，推动社会文化的多样性和经济的可持续发展。

如同前文叙述 AIGC 的益处和弊端，文化创意产业可能获益于 AIGC，也可能由于 AIGC 的低廉成本而必须释出部分工作。和文化创意产业相关，推动传播文化创意产品的新闻、广告、市场营销，在这一波 AIGC 浪潮来袭之前，已经早就亮起警示灯。AI 可以自动生成新闻标题、摘要、报道内容，尤其是容易格式化写作的财经和体育新闻。广告标语、产品描述、网站文案、品牌形象等等，也可以交给 AI。

本书将集中探讨 AIGC 在教育与学术研究、传播与新媒体，以及 AIGC 引发的伦理问题、版权归属和文化影响。总之，AIGC 对行业的影响在于我们必须与时俱进，因应改变而重塑、转型、升级。

第四节　文科生如何分享 AIGC 的大饼?

麦肯锡全球研究院认为 AIGC“有望为全球经济贡献约 7 万亿美元的价值”，其中近三分之一，也就是大约 2 万亿美元的经济价值在中国。斯坦福大学的研究也表明，中国是全球最热衷于研发 AIGC 的国家。[①] 彭博（Bloomberg）公司估算 AIGC 的市场在 2032 年有望达到 1.3 兆美元。[②] 这块大饼怎么让你

---

① “Artificial Intelligence Index Report 2023”，https：//aiindex.stanford.edu/wp-content/uploads/2023/04/HAI_AI-Index-Report_2023.pdf，2024 年 2 月 10 日。

② “Generative AI to Become a ＄1.3 Trillion Market by 2032”，Research Finds，2023 年 6 月 1 日发布。https：//www.bloomberg.com/company/press/generative-ai-to-become-a-1-3-trillion-market-by-2032-research-finds/，2024 年 2 月 13 日。

“见者有份”？艾瑞咨询①的意见是：AIGC 将在全行业引发深度变革，这新一波的自动化浪潮促使 AI 成为基础设施，部分基础工作被替代，重塑社会人力结构和分配方式。AIGC 降低企业成本，至于能否增长营收，主要还是依靠产品的内容品质、多元的应用场景、线上化和数字化的程度。换句话说，AIGC 的核心是模型、机器学习和演算法等等技术，烧钱的成果要看用户如何商业变现。

我自己的实验证明，AIGC 逐渐弭平学科上文与理的鸿沟。我尝试让 ChatGPT 教我用 Python 编写一个猜数字的小游戏，没想到一向数理很差，甚至恐惧工程符号的我，竟然学会了！所以，AIGC 直指的是明白自己的需求，清楚的陈述，反复的调整，达到目的，并且形成意义。说穿了，就是表达和沟通，这是一切学习的基础，只不过由于使用 AIGC 技术主要凭借的是语言文字，语言文字的掌握能力越好，越能够得心应手。

前述受到 AIGC 影响的主要行业大多属于文科范围，本书也是以文科的立场谈 AIGC，我思考 AIGC 是否可以让被边缘化，甚至被轻视的文科起死回生？

2004 年日本政府推行国立大学法人化，国立大学不再全部仰赖政府的经费，对大学运营产生结构性的影响。2015 年，日本面临国内的少子化、国际的竞争力下降，文部省要求各国立大学检讨人文社会学科教育，激起“废除大学文科”的传言

---

① https：//www. thepaper. cn/newsDetail_forward_26347872，《2023 年中国 AIGC 产业全景报告》，2023 年 8 月发布 https：//mp. weixin. qq. com/s? __biz = MjM5OTIzNzQwMA = = &mid = 2650488988&idx = 1&sn = a2ee9975620e2dd8866fa79505029608，2024 年 2 月 19 日。

引起舆论界一片哗然。①

重理工轻人文几乎早已经是全球普遍现象。2021 年英国坎布里亚大学（University of Cumbria）安布赛德（Ambleside）校区的英国文学系停止招生。这所大学历史悠久，拥有英格兰西北部的优美湖景，校园是全英国唯一位于联合国教科文组织的世界遗产，曾经孕育 19 世纪浪漫主义诗人威廉·华兹华斯（William Wordsworth，1770-1850），以及碧雅翠丝·波特（Helen Beatrix Potter，1866-1943）的系列彼得兔（Peter Rabbit）绘本故事书。包括小说家马克·哈登（Mark Haddon，1962-　）等人，都批评英国教育主管的偏见，并且指出人文精神的贫乏造成整体素质的低落。②

乔治·安德斯（George Anders）在《你可以无所不为："无用的"文科学识能量惊人》（*You Can Do Anything*：*The Surprising Power of a "Useless" Liberal Arts Education*）③ 一书中统计了美国在 2012—2016 年，创造的大约 1000 万个就业机会中，只有 60 万个是纯科技或科技相关的行业工作，更多的是涉及市场调研、筹款、社交媒体等其他领域。一些成就很高的人士就是文科毕业生，比如股神巴菲特（Warren Edward Buffett，1930-　）就毕业于商学院。

科技可以解决单一的问题，会因为快速发展和自动化而具有较为短暂的效能。文科教育培养的创造力、想象力和同理心

---

① ［日］吉见俊哉：《"废除文科学部"的冲击》，王京、史歌译，上海译文出版社 2022 年版。

② 衣若芬：《文科起死回生》，新加坡《联合早报》2021 年 7 月 31 日。

③ George Anders，*You can do Anything*：*The Surprising Power of a "Useless" Liberal Arts Education*，New York，NY：Little，Brown and Company，2017.

等，可以在不同工作场合发挥作用，在不确定的时代更适合解决复杂的问题。文科教育的核心是五种“批判性思维”，包括：

1. 对探索新事物的好奇心。
2. 分析问题的能力。
3. 提出适当的解决方案。
4. 了解对方的意见和态度，连结彼此。
5. 清晰的沟通和说服。

这五种批判性思维可以帮助我们从事各色各样的工作，也是人类目前还不会被 AI 取代的优势。身为文科的老师和学生，批判性思维是基本功夫，用在 AIGC 方面，首先是保持学习新知和新技术的热情，不断勇于尝试，审慎乐观。我问 Google 开发的应用软件 Gemini（之前叫 Bard）“文科生如何分享 AIGC 的大饼?”以下是它回答的三个答案之一：

1. 成为 AIGC 内容创作者

AIGC 需要大量的内容进行训练，文科生可以利用自己的专业知识和创作能力，成为 AIGC 内容创作者。例如，文科生可以创作剧本、小说、音乐、绘画等内容，用于训练 AIGC 模型。

2. 成为 AIGC 应用开发者

AIGC 可以应用于各种领域，文科生可以利用自己的专业知识和开发能力，成为 AIGC 应用开发者。例如，文科生可以开发 AIGC 教育、AIGC 营销、AIGC 娱乐等应用。

3. 成为 AIGC 研究者

AIGC 是一门新兴技术，需要大量的研究工作。文科生可以利用自己的专业知识和研究能力，成为 AIGC 研究者。例如，文科生可以研究 AIGC 的伦理问题、AIGC 的社会影响等问题。

4. 成为 AIGC 产品经理

AIGC 产品需要进行市场推广和销售。文科生可以利用自己的专业知识和沟通能力，成为 AIGC 产品经理。例如，文科生可以负责 AIGC 产品的市场分析、产品设计、产品推广等工作。

5. 成为 AIGC 投资者

AIGC 是一片蓝海市场，具有巨大的投资潜力。文科生可以利用自己的专业知识和投资能力，成为 AIGC 投资者。例如，文科生可以投资 AIGC 创业公司、投资 AIGC 相关基金等。

具体来说，文科生可以采取以下措施来分享 AIGC 的大饼：

1. 学习 AIGC 相关知识

文科生可以通过阅读书籍、文章、观看视频等方式，学习 AIGC 相关知识。了解 AIGC 的基本原理、技术和应用，可以帮助文科生更好地把握 AIGC 的发展趋势和机遇。

2. 参与 AIGC 社区

文科生可以通过加入 AIGC 社区，与其他对 AIGC 感兴趣的人交流互动。在社区中，文科生可以学习 AIGC 的最新技术和应用，也可以找到志同道合的合作伙伴。

3. 开发自己的 AIGC 项目

文科生可以开发自己的 AIGC 项目，将自己的创意和想法付诸实践。在开发项目的过程中，文科生可以学习 AIGC 的技术和应用，也可以积累经验。

4. 寻找 AIGC 相关的工作机会

文科生可以通过招聘网站、猎头公司等渠道，寻找 AIGC

相关的工作机会。在 AIGC 相关企业工作，可以帮助文科生深入了解 AIGC 行业，并获得宝贵的经验。[①]

本书将提供关于 AIGC 的基本知识，鼓励读者成为 AIGC 的使用者和研发者，判断 AI 生成文本的优劣，为 AIGC 创造意义和价值，本书展现的方法论是文图学。希望经由 AIGC 文图学的启发，文科生不但分享 AIGC 的大饼，还为人类文明贡献更繁荣的生命活力。

延伸活动·思考练习

拍照上传 AI 平台，问看看 AI 能不能辨识，想一想要 AI 为你做什么事情？或是解决什么问题？

① Google Gemini，2024 年 2 月 20 日。

第三章　AIGC 工具与技术

第一节　从 Siri 到 ChatGPT

在本书第一章，谈到 AI 生成内容并不是 AI 最初的核心设想，而是 AI 发展过程中逐渐涌现的一个重要领域。我在多次关于 AIGC 文图学的演讲后，经常被询问苹果手机的 Siri 是不是 AIGC 的应用程序？ChatGPT 是不是升级版的 Siri？

其实，严格来说，Siri 是 AI，ChatGPT 才是 AIGC，两者不可同日而语。但是手机使用者多，Siri 也有很好的功能，比较这两者，可以帮助我们更清楚 AIGC。AIGC 强调的是"生成内容"，就是使用 AI 生产可能世界上还没有的内容，或是统整既有的人类文明数据，交互式回答提问，接受指令，完成任务，开创出新的面貌。

回看 Siri。Siri 是由一家名为 SRI International 的人工智能研究所开发的虚拟助理。它最初于 2007 年开始研发，2010 年被苹果公司收购。2011 年 10 月，Siri 作为一项全新的智能个人助理服务，首次内置于 iPhone 4S 中正式发布并向公众推出。

Siri 的名字来源于古诺斯语（Old Norse）词根，意思是

“胜利与美丽”。它使用自然语言用户界面来回答用户提出的问题，并根据语音命令执行网络服务搜索、发送信息等操作。最初的 Siri 功能包括：

1. 通过语音识别功能识别自然语言（即人类语言）查询和命令。

2. 通过语义分析功能理解用户的意图。

3. 执行网页搜索、发送信息/邮件、设置提醒事项等任务。

4. 结合大数据支持为用户提供相关信息，如天气、交通等。

5. 通过合成语音进行人性化对话式回复。

Siri 的推出被视为移动设备人工智能助理的一次重大突破，为智能手机带来了全新的交互体验。经过多年的持续更新迭代，现在 Siri 已经在对话能力、任务处理和知识图谱等方面有了长足进步，为后来的语音交互人工智能系统奠定了基础。

而 ChatGPT 则是一种大型语言模型（Large Language Model，LLM），参数高达十亿或更多①。Chat 是聊天，指可以和人

① 著名常用的大型语言模型例如：
GPT-1：2018 年发布，参数量约 1.17 亿，样本大小约 10 亿语素。
BERT：2018 年发布，参数量约 3.4 亿，样本大小约 34 亿语素。
GPT-2：2019 年发布，参数量约 15 亿，样本大小约 100 亿语素。
GPT-3：2020 年发布，参数量约 1750 亿，样本大小约 4990 亿语素。
GPT-4：2023 年发布，参数量未公开。
文心大模型：2023 年发布，参数量未公开。
资料来自 Microsoft Copilot，2024 年 3 月 6 日。

类对话，GPT 是“Generative Pre-trained Transformer”的缩写，其中：

Generative（生成式）：指的是模型能够生成新的内容，如文本、代码等。

Pre-trained（预训练）：指的是模型在大量数据上进行了预训练，以学习语言的通用特征和结构，然后可以在特定任务上进行微调。

Transformer（变换器）：是模型架构的名称，它基于自注意力机制（详见后文），用于处理序列数据，如文本。

Siri 和 ChatGPT 在以下几个方面有明显差异：

1. 语言理解能力：Siri 主要依赖有限的规则和领域知识，语义理解能力较弱。而 GPT 通过深度学习大量语料，对自然语言有更深层次的理解，可以把握语义和上下文关联等。

2. 应用领域：Siri 只能处理有限的预设领域内的查询和命令，应用场景较为局限。GPT 则是通用语言模型，可以应用于对话交互、问答系统、文本生成、机器翻译等多个领域。

3. 生成能力：Siri 的回复一般比较简单机械。而 GPT 能够生成连贯、流畅、相关性强的长文本输出，在写作、总结和对话生成方面具有优势。

4. 持续学习：Siri 的知识库需要人工不断补充更新。而 GPT 则可以不断从新的文本语料中学习并扩充知识。

5. 可解释性：基于规则的 Siri 决策过程比较可解释。而 GPT 利用神经网络技术，其决策过程缺乏可解释性。

6. 自创性：基于美国的法规，Siri 作为苹果手机的内建应用程序，使用频繁，禁止为用户提供未经核实的信息和建议。

因此 Siri 会对不确定的问题表达“不知道”。ChatGPT 的对话目前无法规管控，可以自创可能错误的内容，页面有注明“ChatGPT can make mistakes. Consider checking important information”（ChatGPT 会犯错，重要信息要考虑检查），用户必须自行判断。

从 Siri 到 ChatGPT 并不是继承发展的关系，但是能够让我们感受科学家的不懈努力。

第二节 AIGC 工具概览

开始操作 AIGC 首先必须掌握基本的工具。常用的 AIGC 应用主要来自 Open AI、Microsoft、Google 和 Anthropic 公司。它们的数据库和大语言模型不尽相同，收集资料的截止期限各异，支援中文的能力也互有参差。

我用“什么是文图学?”的提问，测试它们的资讯。请看：

1. ChatGPT 4（OpenAI）

“文图学”（Wentu Xue）在英文中通常被翻译为“Text and Image Studies”。这是一门跨学科的研究领域，专注于文字和图像之间的互动、相互关系以及它们如何共同在不同的文化、历史和媒体背景下传达信息和意义……①

2. ChatGPT 3.5

文图学（Semiotics），也称为符号学，是研究符号、符号系统和意义的学科领域。它关注的是符号如何传达信息、构建意义以及影响人们的认知和文化。文图学涵盖了语言学、哲

① OpenAI ChatGPT，2024 年 1 月 15 日。

学、文化研究、社会学等多个领域，并被广泛应用于不同学科和领域的研究……①

当我告诉 ChatGPT 3.5，“文图学”的英文是 Text and Image Studies，它立即修正为正确的：

文图学（Text and Image Studies）是一门研究文本与图像之间关系的跨学科领域。它关注文本（文字、语言）和图像（图片、视觉元素）如何相互影响，共同构建意义和传达信息。文图学的研究范围包括文学、艺术、媒体、广告、电影、漫画等各种形式的文本和图像……

3. Bing（Microsoft，后来改名为 Copilot）

文图学是一种研究文本和图像的学术视角和诠释思路，它涉及文学、艺术史、图像学、符号学等多个学科，旨在探索文本和图像之间的互动、关系和意义。文图学不仅关注作品的形式和内容，也关注作品的背景、目的、效果和影响。文图学具有跨界融合、观察性和批判性的特点，它可以从不同的角度和层面来分析、评价或反思文本和图像。文图学是由新加坡南洋理工大学的衣若芬教授创立的学术概念和研究思路，它在 2014 年首次提出，并在 2017 年成立了文图学会来推广和发展这一理论。②

4. Bard（Google，后来改名为 Gemini）

文图学是新加坡南洋理工大学中文系教授衣若芬于 2012 年提出的一个学术概念，是“文本研究”和“图像研究”的结合。文图学以“观看”为出发点，探讨文本和图像在社会中

① OpenAI ChatGPT，2024 年 1 月 20 日。

② Microsoft Bing，2023 年 11 月 26 日。

的生成、传播、接受等过程，以及它们对社会文化的影响。

文图学的核心概念是“文本”，文本可以是文字、图像、声音、行为等多种形式。文图学认为，文本是构筑世界的一种方式，它可以传递信息、表达情感、塑造认知。

文图学的研究范围非常广泛，包括古代美术、漫画、绘本、电影、广告牌、时尚服饰、互联网、社交媒体等。文图学学者们通过对不同类型文本的研究，探讨它们的共性和差异，以及它们在社会中的地位和作用。①

5. Claude（Anthropic，2024 年 4 月推出 Claude3，功能大为进步）

文图学（Knowledge Graph）是一门研究知识的组织、表示、管理和应用的新兴交叉学科。

我：文图学是 Text and Image Studies。

Claude：不完全正确。文图学（Knowledge Graph）并不仅仅是文本和图像的研究。

我：你的知识库是到哪年哪月？

Claude：对不起，我没有一个具体的知识库。我是 Anthropic 公司开发的 Claude AI 助手，通过完全基于人工智能算法的对话模型来进行交互，不依赖特定的知识库。我会利用互联网上的公开信息动态生成对话响应。我会继续积累知识，来提高聊天的质量和逻辑一致性。

我：所以你没有关于 Text and Image Studies 的知识吗？

Claude：您好，我确实没有特定的文本图像研究领域的知

---

① Google Bard，2024 年 1 月 21 日。

识库，但我可以就该领域作一些概述。①

6. Monica 4.0②

文图学的英文是“Iconology”或“Iconography”。

我：那是图像学，不是文图学。

Monica：抱歉，我误解了你的问题。文图学的英文应该是“Semiotics”或“Semiology”。感谢你的指正！

我：那也不对。

Monica：对不起，我误解了你的问题。文图学的英文应该是“Semiotics”。感谢你的指正！

我：Semiotics 是符号学。

Monica：对不起，我误解了你的问题。你是对的，Semiotics 的确是指符号学。感谢你的指正！

我：文图学是什么？

Monica：文图学是一门研究图形符号和文字之间关系的学科，也被称为图像学或图像语言学。它探讨了文字和图形如何相互影响，以及它们在传达信息和意义方面的作用。这个领域通常涉及到语言学、视觉艺术、心理学和文化研究等多个学科。

我：文图学的英文是什么？

Monica：文图学的英文是“Semiotics”③。

经过以上 6 款聊天机器人和 AI 助手的测试，只有 OpenAI 的 GPT-4 正确回答。GPT-4 的资讯截至 2023 年 4 月。Microsoft

① Anthropic Claude，2024 年 1 月 20 日。
② 一款由 Butterfly Effect（Hong Kong）Limited 开发的 AI 助手。
③ 2024 年 1 月 21 日。

Bing以及Office系统的Copilot结合了GPT-4，并且有联网的功能，所以可以调取我在维基百科和文图学会的网站资料，得知我在2014年创发文图学（Text and Image Studies），2017年发起成立文图学会（Text and Image Studies Society）。GPT-4和Bing都能用语音即时对答，Bing比较像是搜索引擎，回答简单，提供链接参考资讯来源，可以印证（不过我也经常遇到链接网页与我提问的主题完全无关，或是无法链接的情形）。如果想要较为可靠地回答提问，并且生成相应的内容，还是要使用CPT-4，毕竟这每个月20美元的付费版本功能强大多了。

同样属于OpenAI公司的ChatGPT 3.5，在2022年11月公开，资讯截至2022年1月，由于免费，而且飞速超越以往的人工智能产品，所以也有人称2022年是人类历史上的AIGC元年（也有人说是2023年）。ChatGPT 3.5会学习对话者提供的纠正和补充立即更正自己的回答，结果有时似是而非，像是陷入幻觉一般一本正经地胡说八道。

Google公司的Bard目前仍以beta实验版形式提供服务，本来拥有大量数据，积极开发，但是中途受挫，产品公开时效果未达预期，直到2023年才再度面世。它回答时会适时提供图片辅助，可以连结Google查询核实资讯，并且将对话结果转存文字档和发送Gmail电子邮件。2023年12月，Google公司公布了Gemini，功能令人惊艳，不过后来传出示范影片是剪辑而成，市场随之冷淡。

Anthropic公司Monica最后更新的时间是2021年9月，不但资讯较旧，而且不大积极学习，显得“个性”保守，不像OpenAI公司的产品那样“讨好型人格”，礼貌问候道歉，它

“死不认错”真叫我哭笑不得。

至于号称结合 GPT-4，Claude，Bard 的延伸插件 Monica，免费版只有 ChatGPT3.5 和 Bard，既然 Bard 还不如 GPT-4，我在订购了 GPT-4 之后，没有购买 Monica 的付费版。如前面展示的，经我反复调教，Monica 还是学不会，也就不必浪费时间和它玩了。

第三节　AIGC 技术的基本工作原理

和 ChatGPT 等工具聊天，AI 是怎样流畅生成对话的？我们来简单了解一下其中的基本工作原理，就拿 ChatGPT 为例，前文提过，Chat 是聊天，GPT 是“Generative Pre-trained Transformer”的缩写，也就是说，GPT 是一种基于 Transformer 架构的生成式预训练模型，主要用于自然语言处理任务，如文本生成、语言理解等。GPT 模型通过在大规模文本数据上进行预训练，学习到丰富的语言知识，然后可以应用于各种下游任务，如文本分类、问答、摘要生成等。

我们可以把 AIGC 技术比作一个“超级大脑”。就像人类的大脑需要通过学习和训练来获取知识一样，AIGC 系统也需要通过“学习”大量已有的数据和内容，才能掌握创作所需的规律和技能。

那么 AI 是如何“学习”的呢？想象一下，如果你把互联网上所有的文章、图片、视频等资料都输入系统的“大脑”里，它就能自己分析和总结出创作文字、绘画、音乐等内容背后的奥秘。不是有句话吗？“熟读唐诗三百首，不会作诗也会吟”，AI 就是非常用功地熟读。

接下来，ChatGPT 就可以像一个“无所不能的创作者”开始生成各种新的内容了。生成文字作品时，它会根据你给出的一些开头词语作为提示，然后像是“续写”一样自动接龙生成后续的文字。生成图像时，它会先根据你的文字描述生成一张草图，然后不断渲染细节，最终生成一幅画作。

在训练和学习的过程中，有几种重要的技术：

1. 自然语言处理（Natural Language Processing，NLP）。AIGC 的关键技术是自然语言处理，自然语言即人类的语言。最初，NLP 依赖于语法规则和词汇数据库来解析文本，要求程序员事先编写大量规则来指导机器如何理解语言。然而，随着语言的多样性和复杂性，这种方法有所局限。进入 21 世纪，随着数据驱动的方法的兴起，机器学习，特别是深度学习开始在 NLP 中发挥重要作用，通过从大量文本数据中学习语言的模式和结构，进行文本分类、情感分析和语言翻译，使得机器能够更加准确地理解和生成人类语言。

2. 机器学习（Machine Learning）。机器学习使计算机系统通过算法来解析数据，学习其中的模式，并基于学习成果做出决策或预测。这种学习过程可以是监督学习（Supervised Learning），无监督学习（Unsupervised Learning），或是强化学习（Reinforcement Learning）。此外，还有机器学习的子领域深度学习（Deep Learning）。以下是 ChatGPT 对于这些学习方式的解释：

监督学习（Supervised Learning）

监督学习是一种通过已标记的数据进行训练的机器学习方

法。在这种方法中，模型在训练阶段学习输入数据和其对应的输出标签之间的关系。例如图像分类，识别图片中是猫还是狗。训练数据包括图片（输入）和对应的标签（“猫”或“狗”）。

无监督学习（Unsupervised Learning）

无监督学习是一种不需要已标记数据进行训练的机器学习方法。模型尝试发现数据中的模式和结构，而不需要预先提供的标签。例如聚类分析，将客户分为不同的群组。模型根据客户的购买行为、年龄等特征自动进行分组，而无需事先知道这些群组的定义。

强化学习（Reinforcement Learning）

强化学习是一种通过与环境交互学习最佳策略的机器学习方法。模型通过试错过程获得奖励或惩罚，以优化其行为策略。例如 AI 通过玩电子游戏来学习，在每次行动后根据游戏结果获得奖励或惩罚，从而逐步改进其策略。

深度学习（Deep Learning）

深度学习是机器学习的一个子领域，使用神经网络（尤其是深度神经网络）来进行复杂的数据分析和模式识别。深度学习可以用于监督学习、无监督学习和强化学习。例如：

- 图像识别：使用卷积神经网络（CNN）对图像进行分类，如识别手写数字（MNIST 数据集）或对象（ImageNet 数据集）。
- 语音识别：使用循环神经网络（RNN）或长短期记忆网络（LSTM）进行语音到文本的转换，如在语音助手中的应用。

- 自动驾驶：使用深度强化学习（Deep Reinforcement Learning）训练自动驾驶汽车，在复杂交通环境中作出驾驶决策。

总结来说，监督学习、无监督学习和强化学习是机器学习的三种主要方法，而深度学习是一种使用神经网络进行数据处理和模式识别的技术，可以用于这三种方法中。①

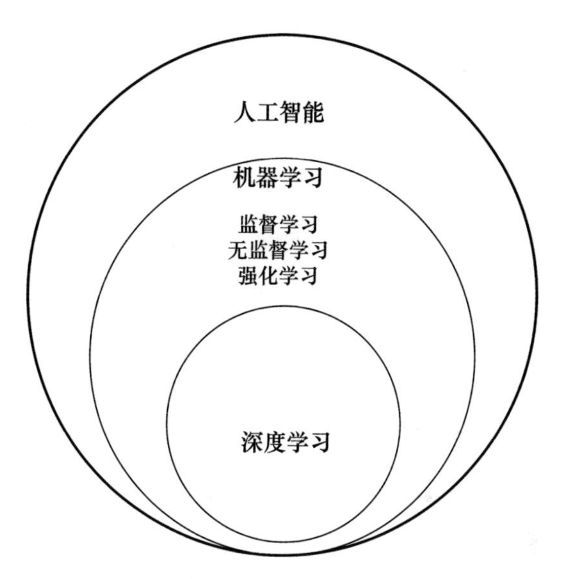

图 3-1　机器学习关系图（衣若芬设制）

3. 自注意力机制（Self-Attention Mechanism）。自注意力机制是深度学习中常用的一种技术，主要用于处理序列数据，如自然语言处理中的文本。自注意力机制通过计算每个词与其他词之间的相似度来建立它们之间的关系，并根据这些关系来加

① OpenAI ChatGPT，2024 年 6 月 6 日。

权地计算每个词。[①] 它就像是一双“千里眼”，能时刻关注并权衡输入内容中的各个部分，从而更好地捕捉语义逻辑和上下文关系。

这不就像是你们在阅读课文时，不是简单地一个字一个字地看，而是在脑海里快速扫视、理解每个词语与其他部分的关联吗？自注意力赋予了 Transformer 这种全面关注和灵活建模的神奇能力。

前面提到 GPT 的 T（Transformer）就是基于自注意力机制的模型架构。它会先计算出整个输入序列中每个词与其他所有词的注意力权重，即确定它们之间的关联程度，然后加权组合所有词的表示，形成该词的最终表示。

自注意力机制赋予了 Transformer 长距离记忆和全局感知的能力，Transformer 架构先在机器翻译任务取得了突破性进展，后来也被广泛应用于文本生成、图像理解等多个领域，是目前 AIGC 技术中常用的关键基础模型之一。它的出现引发了 NLP 领域的一场新的“注意力革命”。

4. 计算机视觉（Computer Vision）。计算机视觉是一门研究如何使计算机能够获取、处理、分析和理解来自现实世界的视觉内容（如图像和视频）的科学。它试图模拟和扩展人眼和大脑处理视觉信息的能力。计算机视觉的核心任务包括：

1）图像识别和分类：这是计算机视觉中最基本的任务之一，目的是识别和分类图像中的物体。例如，一个算法可能被训练识别照片中的猫和狗。这通常通过使用深度学习和卷积神经

---

① https://www.aiust.com/article/20230317/1524.html，2024 年 3 月 5 日。

经网络（CNN）实现。

2）物体检测：与图像分类不同，物体检测不仅识别图像中的物体，还确定它们的位置和大小。这涉及到在图像中绘制“边界框”，指出每个识别物体的具体区域。

3）图像分割：图像分割的目的是将图像划分成多个部分或区域，通常是为了识别和分析图像中的特定结构。例如，在医疗影像分析中，图像分割可以用来区分健康组织和病变组织。

4）场景重建：这是计算机视觉中更复杂的一个方面，涉及从图像中创建三维场景的模型。这对于机器人导航、增强现实（AR）和虚拟现实（VR）等应用至关重要。

5）运动分析：在视频或一系列图像中分析物体的运动。这包括跟踪物体在视频帧之间的移动，以及理解整个场景的动态。

6）人脸识别和生物特征识别：这涉及识别和验证个人的身份，通常用于安全和监控系统。

以计算机视觉的成果为基础，可以创建新的内容，例如在增强现实（AR）应用中，计算机视觉用于理解和分析环境，而 AIGC 则用于在这个环境中生成虚拟对象或信息。①

5. 多模态（Multimodal）。多模态指的是融合多种不同“模态”信息的技术，比如文字、图像、语音等。多模态 AIGC 模型就好比一个“全能大师”，无论你给它文字、图画还是声音输入，它都能学以致用，创作出兼顾多模态的文本。

大家都有过这样的体验吧？在学习一门新知识时，如果老

① OpenAI ChatGPT，2024 年 1 月 16 日。

师只是简单地讲课很容易走神，但如果老师手口并用，边讲边演示、边展示图片视频，我们就能更快地理解吸收。这就是因为我们运用了多种模态获取信息，大脑对此有更深的认知理解。

而在人工智能领域，多模态指的就是将不同形式的数据信号（文字、图像、视频、语音等）融合起来，综合建模学习。这种多模态 AIGC 技术就像是一位“全能大师”一样，无论你通过任何一种方式输入，它都能自如应对。

想象一下，如果你对这位大师说：“给我画一幅‘春雨绵绵，樱花盛开的美景’。”它先是通过理解你的语言描述文本，在脑海中形成一个画面概念；然后基于对“春雨”“樱花”等视觉元素的理解，开始创作出生动细腻的画作；最后它还能合成一段梦幻般的小曲，为画作增添律动的韵味。

此外，我们还可以把多模态 AIGC 想象成一个会说多国语言的“超级翻译官”。不同的模态就相当于不同的语言，而它能够在各种语言之间自由切换、无缝转换，为你提供无障碍的跨模态沟通与创作服务。

第四节　AIGC 的文本生成步骤

大致理解了 AIGC 技术的基本工作原理和部分重要术语概念之后，我们来一步一步拆解文本生成的步骤。

第一步：文本预处理

在 AIGC 能像“写作大师”一样书写文章之前，它需要先把输入的文字内容“拆解成词语”。就好像我们在阅读一篇文章时，首先要将它分解成词语和句子，了解每个词语的含义一样。这个将文字“拆解”的过程在 AIGC 中被称为“文本预处理”。

AIGC 需要将输入的文本内容进行“拆解”（tokenize）和“清理”（stemming）。就像你要给朋友讲一个故事，但故事本来是杂乱无章的，你首先需要将它“整理”出有条理的语句和分段。

AIGC 在这一步会先将整段文本拆分成单词的序列，就像把“苹果很红”拆分为“苹果”“很”“红”三个词一样。有些特殊的词还需要利用词典进行“归一化”（normalization）处理，比如把“apple”统一成“苹果”。

接下来，AIGC 会去除文本中的一些不必要的内容，比如标点符号、特殊字符、止词（像“的”“了”之类）等，保留对语义有影响的实词部分。这就有点像你讲故事时，会自动省略一些多余的辅助词语。

第二步：词语表示（representation）

获得了清理过的单词序列，接下来，AIGC 需要理解每个单词的意义并给出“数字化表示”。这就好比我们在学习一门新语言时，需要先将单词与其含义对应存储在脑海中一样。AIGC 利用自然语言处理（NLP）中最常见的“词向量”（Word Embedding），让每个词语都对应上一串数字编码，以便于计算机进行识别和处理。也就是说，把自然语言的语义信息转化为计算机可以处理的数值形式。

我们可以把它比作是用“密码”来代表每个单词的含义。

比如“苹果”可以用一串数字如“235,819,046”来表示，而与之相近的“香蕉”则用“198,809,093”表示。通过这种向量表示，计算机就能够“读懂”单词的语义信息，并且还能发现“苹果”和“香蕉”这两个词是比较相近的概念。这种表示方式为后续语言模型建模做好了准备。

第三步：语言模型

现在 AI 已经“识字”并“理解”单词了，但要生成通顺的长文还需要掌握语法和语义规则。就像我们学习一门新语言时，不只是要掌握单词含义，还需要理解语法语序等，它会通过学习大量现有文本，自动总结出词与词之间的搭配概率和规律，形成一种“语言模型”。

第四步：生成写作

接下来就是 AIGC 的“写作创作”过程了。有些类似于“文字接龙”游戏，AI 会根据你提供的文章开头几个词作为提示，然后基于语言模型自动续写、预测后续文字内容。你可以先给它一个简单的开头作为提示，比如“今天天气很好”。有了上面步骤的准备，AIGC 在看到“今天”和“天气”这两个词后，就能立刻基于语言模型预测出下一个最佳词语选择是“很好”。接下来它会继续预测下一个词该是什么。经过多轮这样的迭代，AIGC 就能自动续写出“今天天气很好，阳光明媚，百花盛开”这样的完整语句和文本段落了。

第五步：结果优化

当然，刚开始生成出来的作品可能还存在一些瑕疵和问题，比如语句不太通顺、逻辑存在矛盾、内容冗余重复等。这时候，AIGC 就需要利用人工智能技术对文本质量进行评估，并根据人类的反馈意见不断地修正和优化。它会自动分析哪些部分需要改进，尝试生成新的候选文本，最终得到一个质量较佳的“终稿”版本。这种“优化”过程有点类似于作文老师给你的文章作业修改批注一样。只不过 AIGC 是靠算法模型自己分析和完成。

以上是大致的生成文本步骤，本书在个别章节将有较为详细的介绍。

图 3-2 AIGC 的文本生成步骤（衣若芬制图）

延伸活动·思考练习

AIGC 技术牵涉神经网络，有 ANN（人工神经网络）、CNN（卷积神经网络）、RNN（循环神经网络）、GAN（生成对抗网络）等等，问问你的 AIGC 工具，这 4 个名词分别是什么意思？如果你要向中学生解释这 4 个名词，可以怎么说？

第四章　AIGC 文图学

第一节　文图学是什么?

谈过了本书的几个基本词汇：人类 3.0、AI、AIGC，接下来介绍文图学（Text and Image Studies）。

文图学的“文”指的是文本（text），“图”指的是图像（image），文图学探究的是通过图像被观看和感知的文本，以及文本的生产制造、使用情形、流通接受、反应影响的脉络。

2014 年 7 月，在我主办的“学与思：国际汉学研讨会”中，我发表了《“文图学”的建构之路》,[①] 首度提出文图学的构想。

其后，我多次应邀在各地讲授文图学，出版专书，以及举办工作坊、国际研讨会，概要如下：

2015 年：马来西亚大学两讲。

2016 年：出版《南洋风华：艺文、广告、跨界新加坡》（入选新加坡《联合早报》年度好书），研究广告文图学。

---

① 衣若芬：《“文图学”的建构之路》，衣若芬主编：《学术金针度与人》，新加坡：八方文化创作室 2015 年版，第 139—140 页。

2017 年：香港城市大学三讲。主办第一场文图学国际学术研讨会。成立新加坡政府核准成立民间社团“文图学会”（Text and Image Studies Society）。

2018 年：应邀和罗纳德·伊根（Ronald Egan）教授在美国斯坦福大学合授文图学课程。日本东京大学、韩国首尔大学演讲。

2019 年：中国人民大学五讲。武汉大学主题演讲。出版《书艺东坡》（上海古籍出版社 2019 年版，2021 年中华书局伯鸿书香奖精选 50 本东坡主题专著之一），研究书法文图学。主编出版《东张西望：文图学与亚洲视界》（八方文化创作室 2019 年版）。

2020 年：出版《春光秋波：看见文图学》（南京大学出版社 2020 年版）。开设本科文图学课程，研究生课程“文图学与东亚文化交流”。

2021 年：华中科技大学三讲（线上）。吉林大学五讲（线上），主编出版《四方云集：台、港、中、新的绘本漫画文图学》（远流出版社 2021 年版）。主办国际学术研讨会。

2022 年：出版《畅叙幽情：文图学诗画四重奏》（西泠印社出版社 2022 年版）。主编出版《五声十色：文图学视听进行式》（文图学会，2022 年）和《大有万象：文图学古往今来》（文图学会，2022 年）。主办文图学工作坊、文图学节、两场国际学术研讨会。全年二十三场线上和现场演讲。

2023 年：出版《星洲创意：文本、传媒、图像新加坡》（八方文化创作室 2023 年版，入选新加坡《联合早报》年度好书）。应邀举行个人书展，主办文图学工作坊、两场国际学术研讨会。获选为新任文图学会会长。

这些丰富多彩的活动促使我将文图学的概念迭代升级，深入优化，我仍然经常需要回答几个问题：

1. 文图学为什么不是“文学与美术”？

2. 文图学和图像学（Iconology）、艺术史（Art History）、视觉文化（Visual Culture Studies）等等的关系？

3. 文图学的文本为什么包括声音？

感谢 AIGC，这些问题通过另一个维度，创发文图学的目的、文图学的存在意义得以彰显。

一 万物皆文本

让我们先想一想，文图学为什么不是“文学与美术”？我的专业是中国古典文学，旁及艺术史，硕士论文《郑板桥题画文学研究》（1990）、博士论文《苏轼题画文学研究》（1995）处理的都是文学与美术的问题。

继续开展文学与美术的研究，我发现面临困境，一是文学和美术本来就是不同的艺术媒介，区分或整合各有擅场，二者之间的“与”，是从“关系”的角度讨论，很容易流于叙述现象，而且往往着重艺术换位和会通融和的部分。莱辛（Gotthold Ephraim Lessing，1729－1781）的《拉奥孔》[①]、钱钟书谈《中国诗与中国画》[②] 或从时间、或从空间，谈诗与画作为姐妹艺术的独立和组建。到了罗兰·巴特（Roland Barthes，1915－1980），指出文本的多重界定，松动了文本必然合乎艺术价值

---

① ［德］莱辛：《拉奥孔》，朱光潜译，商务印书馆 2013 年版。

② 钱钟书：《中国诗与中国画》，《七缀集》，上海古籍出版社 1994 年版。

的看法。[①] 米切尔（W. J. T. Mitchell，1942-　）致力于阐述文本和图像的分、合、叠加[②]；约翰·贝特曼（John Bateman）认为文化生产的原初样貌就是包括文本和图像，二者不必强加区隔。[③]

二是文学和美术有一定的门槛和价值判断。现代白话诗不讲究形式格律；抽象绘画令观者茫然，一旦有所谓“学者专家”“权威人士”甚至市场行情背书，等于规范了论述话语。至于同样是以文字或图像呈现的内容，比如商业文案和广告，为业主设计的前提未必是艺术性，我们需要概括性较强的学术语汇来认识和分析这些材料。

所以，我想用不带品评性质的“文本”（Text）指称所有讨论的对象，文本只是一种存在，实质或是虚拟，被人们感知而存在。用 AIGC 的方面来想，AI 凭借数据训练，依照指令（prompt）生成文字、图像、影音等文本，指令本身也可能是文字、语音、图像的文本。

例如在本书第一章的实验，我输入“请画出人类 3.0 的图像”，ChatGPT 和 Copilot 都生成了模样诡异的机器人，然后我告诉它们“人类 3.0”的意思，反复许多次，才生成我心目中大致想要的图像。在 AIGC，这是文生图（Text to Image）；在文图学，这是文字文本生成图像文本，都算不上文学，也未必

---

① Roland Barthes, Essays Selected and Translated by Stephen Heath, *Image, Music, Text*, New York: Hill and Wang, 1977.

② W. J. T. Mitchell, *Image Science: Iconology, Visual Culture and Media Aesthetics*, Chicago: University of Chicago Press, 2015.

③ John Bateman, *Text and Image: A Critical Introduction to the Visual-verbal Divide*, London: New York: Routledge, 2014.

是美术。

你可能会问："AI 生成的图像不能算艺术吗？不是有数字艺术吗？"

数字艺术用的科技工具，不一定是 AI 直接生成，数字艺术之所以被冠上"艺术"，表示已经有评估，创作者或是观众认为那是具有艺术性的"作品"（work）。关于 AIGC 是否为艺术，以及数字艺术的例子，后文还会讨论，暂且不表。这里先谈"文本"和"作品"。

苏东坡的词《念奴娇·赤壁怀古》说："江山如画，一时多少豪杰。"江山就是山水，大自然的山水怎么会像人画的风景画呢？照理说，我们是欣赏了山水，把景象描摹出来，也就是"画如江山"，画出眼见和心灵观照的江山之美，东坡先生偏偏反过来，说这（自然）山水看起来像（人为的）图画。如果没有苏东坡的主观参与，山水就是自然界的一部分，那是文本，不具有特殊意义。一旦联想到"人道是，三国周郎赤壁"，这山水有了厚重的文化底蕴，观看的视角便随之转换，成了可能的历史场景，也就是"山水"因人的观看成了"风景"，"文本"成了被解读的"作品"，这"作品"如同绘画，是一种"有我之境"①。

既然如此，无论是天然物象、人为制造，还是 AI 生成，所有未经解读的都是文本，这就是"万物皆文本"的意思，文本的意涵开放，需要被人们诠释和填充，继而成为"作品"。

---

① 衣若芬：《云影天光：潇湘山水之画意与诗情》，北京大学出版社 2020 年版。

二 文图学、图像学、艺术史、视觉文化研究

“文本”的范围不限于文学艺术，于是我们可以解释文图学和图像学、艺术史、视觉文化等等的关系。首先，文图学和图像学、艺术史、视觉文化都重视观看文本，关注视觉形象，理解图像的构成要素及其文化寓意，四者的差别在于：

1. 研究对象

文图学的文本指涉宽广，既然研究文本的内在意涵，也包括文本的关系网络。

图像学主要研究独立的视觉形象和图像符号及其内涵。

艺术史主要研究绘画、雕塑、建筑等艺术品的审美价值。

视觉文化研究关注广义的视觉现象和实践，包括影视、广告、漫画等形式。

2. 研究视角

文图学从跨媒体的角度，考察文本自身或不同文本的互文性与互媒性。

图像学着重解读图像的视觉修辞和意识形态。

艺术史关注艺术品的形式、风格、主题和艺术脉络地位。

视觉文化研究倾向于批判性地解读视觉实践中的权力关系和意识形态。

3. 研究方法

文图学兼采图像学、艺术史、视觉文化所长，综合运用文献学、文艺学、美学、符号学、叙事学、传播学、认知心理学等等多种理论工具。

图像学主要采用图像修辞分析、风格分析、主题分析等艺

术史方法。

艺术史主要采用形式分析、风格分析、图像修辞分析等方法。

视觉文化研究借鉴话语分析、阐释学、社会学、意识形态批判等方法论。

总之，文图学、图像学、艺术史、视觉文化研究有一些交叉和互补之处，提供了多维度解读视觉现象的理论工具和视角。

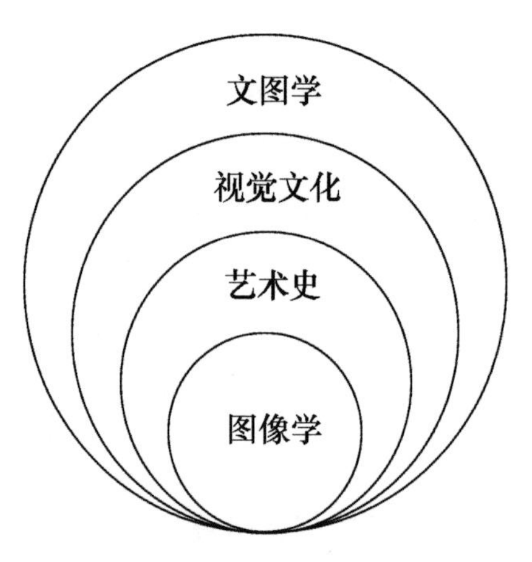

图 4-1　文图学、图像学、艺术史、视觉文化研究四者关系

三　文图学就是看世界

文图学的范围广大，万物都是文本，探索现实和虚拟世界的各种文本，文本用来表述、传达、沟通、纪录；图像学、艺术史、视觉文化研究的基本上都是人为制造，而且有一定历史地位或艺术价值的物件。文图学关注的文本依呈现的类型，包括自然、人的肢体、声音和图像，如图 4-2 所示。

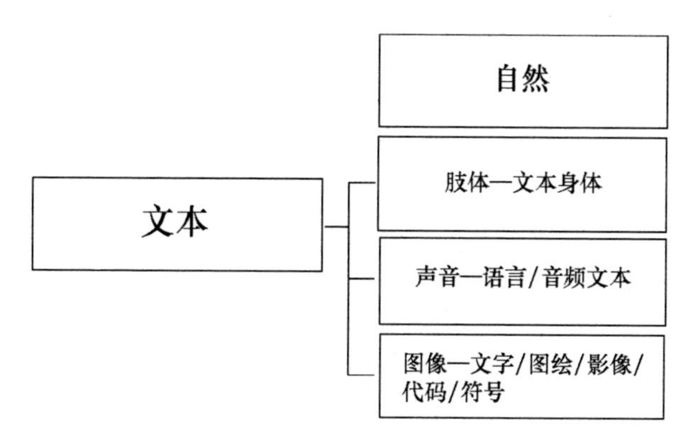

图 4-2　文本类型

前文已经谈过，自然山水经由人的观看视角选取可以二维再现的画面，成为带有人的主观审美意识的风景画，自然山水是“文本”；风景画是“作品”。人们的肢体动作、手势、姿态也是承载讯息的文本。以图像形式出现的文本，包括书写线条的文字、各种图绘、计算机代码、约定意指的符号等等。这些都举目得见，也就是视觉文本。声音表面上只能听到，无法被看见，但是还记得本书第一章提到的地球上第一个脑机相接的半机械赛博人（cyborg）内尔·哈维森（Neil Harbisson，1982-　）吗？他通过天线传感器“听到”颜色，也就是声波转换成可感知的视觉，声音文本可以转换成视觉文本。

内尔·哈维森可能是特殊的例子，还不够具有说服力。让我们先回到本章最初谈的：“文图学探究的是通过图像被观看和感知的文本”，而且文本的作用是为了表述、传播和纪录，换句话说，“可视化”是确立文本存在的基本要素，即使是幻想、想象、梦境，也都是由于“可视”。虽然我们肉眼无法直接看到声波，但通过一些特殊的方法和设备，便能够将声波可视化。例如：用沙子在振动板上形成不同的波纹图案来显示声波。使用光学全息摄影术拍摄声波在空气中的传播轨迹。用红外热像仪捕捉声波在空气分子中激发的热运动。

还有声学成像技术将声波显示出来，比如：医学超声波成像仪可将人体内部结构的回声显示为影像。水下声呐（SONAR）扫描可将海底地形和物体的声波回波转化为图像。

此外，通过频谱分析的方式将频率、振幅等参数可视化，在音频编辑软件中的频谱显示可以看出声音的频率分布。声学仪器的示波器上可以看出声波在时域和频域上的波形。

沿着“可视化”的思路，我们想一想嗅觉和味觉也可以利用仪器被看见。比如气体成分分析仪，基于光谱分析原理的气体成分分析仪，可以精确检测出空气中各种挥发性分子的种类和浓度，通过数据和图像形式展现出来。味蕾活动成像，使用显微成像技术，可以观察到味蕾在受到不同化学物质刺激时的形态和活动变化。用功能性磁共振成像（fMRI）等脑成像技术，可以观察到人体嗅觉和味觉相关的大脑区域在受到气息、味道刺激时的神经活动变化。

因此，我们的五官五感都是生发文本的来源，这些文本可以以图像的形式被观看和认识、分析，如果它具有思想情感和某种形式美，文本便因我们的审美活动成为作品。

你可能已经注意到，图 4-2 和图 4-3 都有“图”，似乎是重叠的。是的，从存在的本体来说，图像文本是文本的一种类型。从展示的介质形式来说，图像文本、景象、意象、形象和想象都是 image，这是文图学的“图”的双面性。

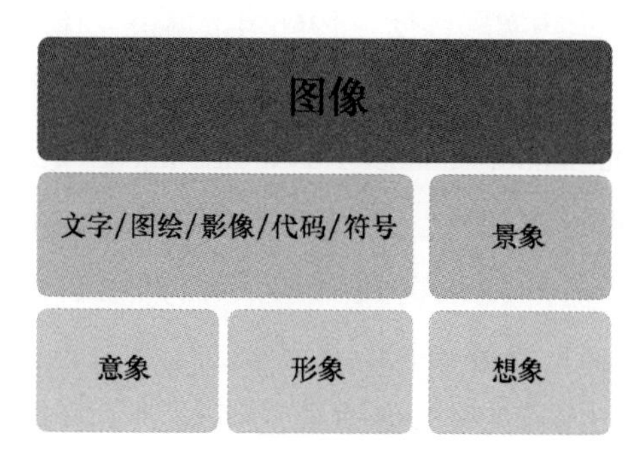

图 4-3　图像类型

在文图学的概念框架下，我从文学与绘画的互动、互文和再生，拓展到漫画、绘本、海报、广告、电影乃至于互联网弹幕及二次元文化。①

第二节　文图学与 AIGC

文图学的提法，正与人工智能的进展历程相近。本书第一章概括了 AI 的发展，这里结合我创发文图学的理念和过程再稍微细谈。

1950 年艾伦・图灵（Alan Turing，1912－1954）的文章《计算机器与智能》（"Computing Machinery and Intelligence"，

---

① 关于文图学的内涵、方法论和实践步骤，详见衣若芬《春光秋波：看见文图学》，南京大学出版社 2020 年版。衣若芬《图像・形象・意象：当中国古典文学研究遇到文图学》，《文学论衡》2020 年第 36 期。衣若芬主编《东张西望：文图学与亚洲视界》，新加坡：八方文化创作室 2019 年版。https：//www. youtube. com/watch？v=mOn8U-ovpBw，https：//www. bilibili. com/video/BV1xg411o7wW？spm_id_from=333. 999. 0. 0。

1950）还属于思想实验性质。1956 年约翰·麦肯锡（John McCarthy，1927–2011）等人组织了达特茅斯夏季人工智能研究计划会议（Dartmouth Summer Research Project on Artificial Intelligence），首度订定“人工智能”（Artificial Intelligence）的名称。人工智能的开发一直到 1974 年自然语言（Natural Language Processing）研究才有所进展[①]。有意思的是，比科学家发明超前的科幻小说和电影仿佛已经预见了未来，1968 年的电影《2001 太空漫游》（*2001：A Space Odyssey*）[②] 中，便有可以和太空人对话的人工智能电脑 HAL 9000，片中还运用了 1961 年 IBM 7094 首部编程电脑唱的歌曲 Daisy Bell，而人类在 1969 年才初次成功登陆月球。

1970—1980 年代，人工智能的研发十分缓慢，科学家发现人工智能必须基于大数据语料库，1970 年代学术上的“语言学转向”促进了对自然语言的认识，让计算机学习人类的语言，并且探究人类的大脑如何学习和记忆、反应语言，便得以帮助计算机反复进行机器学习。

随着 2006 年关于深度学习神经网络（Deep learning neural network）的理解，计算机硬件性能的不断提高和算法的不断优化，加速了人工智能的研究，以及技术应用的普及。

与此同时，“文本”概念的适用范围增广，不只偏向于文字，尤其是文学性的文字书写；以及“图像”的指涉覆盖超出具体的绘画，标志着文明的发展。我输入文图学常用的单字 text

---

① Darrell M. West，John R. Allen，*Turning Point：Policymaking in the Era of Artificial Intelligence*，Washington，D. C.：Brookings Institution Press，2020，pp. 1–25.

② 史丹利·库布里克（Stanley Kubrick，1928–1999）导演，亚瑟·克拉克（Arthur Charles Clarke，1917–2008）合作编剧。

（文本），image（图像），picture（图画），literature（文学），poems（诗），painting（绘画），放入 Google Books Ngram Viewer 的统计，查询 1800—2018 年在书籍里出现的频率（图 4-4），发现 1988 年是一个关键节点。从 1988 年起，text 和 image 比其他语词更经常被使用，而且 text 比 image 使用更频繁。在 1945 年以前，使用 text 少于使用 picture。

可以说，1988 年以后，人们提高关注和叙述 text、image，这现象在 1995 年 Windows 95 的使用者界面图形化（graphical user interface，GUI）达到更具体的实现。

1995 年 8 月 24 日，微软发布了新的电脑操作系统 Windows 95。Windows 95 用画面图示（icon）指引操作。即使图示下方有文字说明，文字的字体较小，不像图示直观；而且图示全球统一，不因语言文字受阻碍。于是人们开始逐渐因使用图形化界面而习惯看图行动。

受惠于演算法的进步，到 1997 年 IBM 深蓝战胜国际象棋冠军，又推动了人工智能的发展。2006 年关于深度学习神经网络（Deep learning neural network）的理解，加速了人工智能的研究。2011 年 IBM Watson，苹果的 Siri 能回答人的提问。2013 年语音识别（Speech Recognition）和图像识别（Image Recognition）的能力直接催生了此后两三年聊天机器人如 Eugene Goostman、微软小冰和人工智能写作平台，如腾讯财经的 Dreamwriter、新华社的快笔小新、第一财经的 DT 稿王、清华大学的薇薇作诗机器人等等。

我创发文图学，正是注意到许多媒体生产的文本无法被传统的文学与美术范畴含括，并且发现互联网每日大量制造文

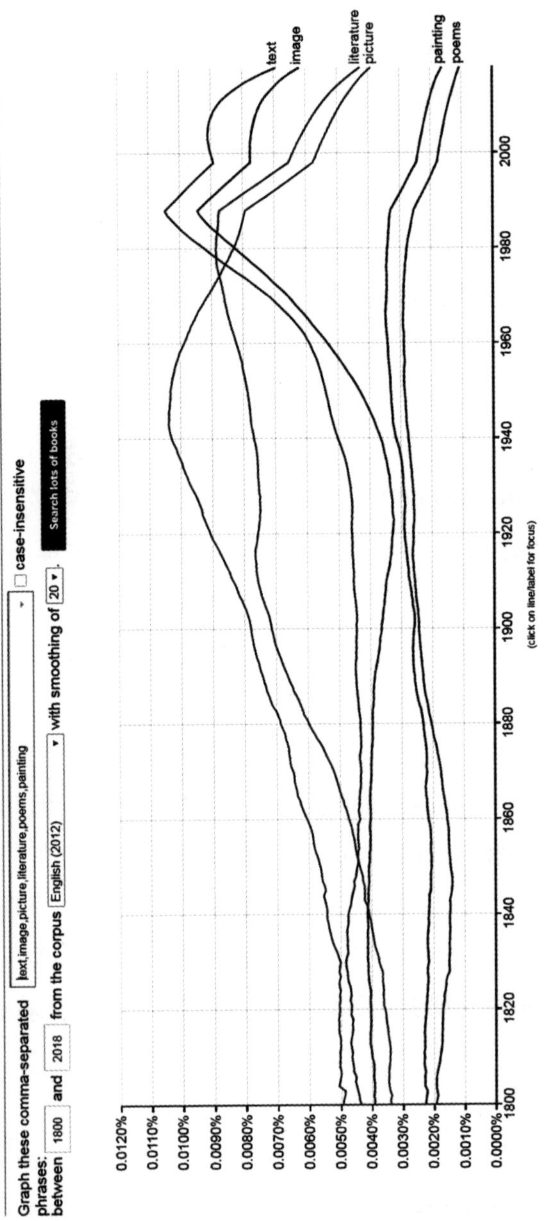

图4-4 Google Books Ngram Viewer 呈现的单字使用情形

本，需要新的方法论和诠释策略，这些文本（text），无论是文字还是图像，都是以“图”（image）的形式呈现。2015 年英国牛津字典（*Oxford Dictionaries*）选出了一个带着泪滴的笑脸（face with tears of joy）“绘文字”（emoji）符号为年度“字”（word of the year），即是认定“字”也是图像。

文图学和人工智能都依赖图像而诠释和产出文明的成果，本书在此脉络中，尝试以人工智能生成文学的机制再加推想。

第三节 用文图学研究 AIGC

AIGC 的开发日新月异，关于 AIGC 的研究主要在以下方面：

1. 创新技术：早期研究重点是开发和完善能够产生内容的人工智能算法。这包括自然语言处理、图像生成和音频合成。GPT 和 DALL-E 等大型模型的出现极大地推进了该领域的发展，使得产生更复杂、更连贯的内容成为可能。

2. 质量和真实性：随着内容生成的改进，研究转向评估人工智能生成内容的质量和真实性。这包括开发用于评估生成的文字、图像和音频的真实性、连贯性和准确性的指标。

3. 道德与社会影响：研究人员一直在探索 AIGC 的道德影响，例如被深度伪造（Deep fake）误导、传播错误讯息或侵犯版权的可能性。研究也关注 AIGC 对就业、创造力和社会规范的影响。

4. 各领域的应用：AIGC 已应用于多个领域，包括新闻、创意写作、艺术和娱乐。研究探讨了它在自动化内容创建、帮助人类创造力和生成个人化内容方面的效用。

5. 监管和治理的挑战：目前正在研究如何监管和治理 AIGC，并考虑版权法、内容审查以及创新与道德责任之间的平衡等问题。

6. 使用者互动与体验：研究也关注用户如何与人工智能生成的内容交互，包括使用者信任、偏好以及人工智能适应用户回馈的能力。

7. 与其他技术的整合：正在研究 AIGC 与虚拟现实、扩增实境和元宇宙等其他新兴技术的集成，探索新的内容生成和互动形式。

8. 可及性和包容性：人们越来越有兴趣使 AIGC 工具具有可访问性和包容性，以确保它们能够满足不同的语言、文化和能力。①

这些研究包括了技术、应用和思考，本书集中于文图学方法研究 AIGC，尝试继承和突破前人的研究成果，用文图学研究 AIGC 有什么优势和合理性呢？我告诉 Claude3 文图学的基本定义和重点，以下是 2024 年 3 月 7 日 Claude3 提供的答案：

1. AIGC 技术的多模态性质：AIGC 技术涉及多种模态，如文本、图像、视频、语音等。文图学关注文本与图像之间的互动关系，已经发展出分析跨模态现象的理论框架和方法论，可以很好地延伸应用于 AIGC 领域。

2. 媒体融合的研究传统：文图学源于媒体研究领域，一直关注不同媒体形式如何融合并构建意义。AIGC 技术也正在推动内容生成的新型融合媒体形式，文图学的研究视角可以有效解读这种新兴现象。

---

① 以上内容根据我 2024 年 1 月 16 日询问 ChatGPT 的结果修改。

3. 符号学和叙事学方法的适用性：文图学广泛借鉴符号学和叙事学等研究工具，这些工具同样适用于分析 AIGC 作品中蕴含的视觉符号、隐喻以及叙事策略等内容。

4. 跨学科整合的研究范式：文图学本身就是一个跨学科领域，集成了艺术、文学、视觉文化、媒体研究等多个学科的理论资源。研究 AIGC 也需要多学科视野的整合，文图学的范式可以为此提供借鉴。

5. 关注意义构建的研究焦点：文图学并不局限于技术层面，更关注文本与图像如何协同构建文化意义。对于 AIGC 作品也需要从这一宏观视角去探讨其内在意义和文化影响。

6. 开放性和包容性的学术传统：作为新兴跨学科领域，文图学具有较强的开放性和包容性，能够持续吸纳和整合新的研究对象和理论资源，这有利于其拥抱和解读 AIGC 等前沿现象。

7. 批评性与反思性视角：文图学植根于人文主义传统，具有批判性反思的学术特质。这一视角有助于我们从文化、意识形态等多层面，反思和审视 AIGC 技术的发展过程及其潜在影响。

8. 关注生产、传播和阅读的整体链条：文图学关注文本/图像的生产、流通和阅读/解码等整个链条。这种全生命周期的视角，有利于系统性地考察 AIGC 作品从创作到传播再到接受的全过程。

9. 跨媒体语境与技术媒介关系的研究：文图学探讨跨媒体语境下文本/图像的阐释问题，以及新媒体技术如何影响内容生产和理解。这些均与理解 AIGC 技术的语境影响及其对媒介形态的影响密切相关。

10. 作为理论渊源的视觉文化研究及其他学科：文图学不仅借鉴视觉文化研究的理论资源，还汲取了女性主义、后殖民主义、人种理论等跨学科理论视角。这些都可为我们提供新的思路去解读 AIGC 的社会文化内涵。

11. 艺术与科技之间的互动关系：艺术与科技之间的互动一直是文图学关注的焦点。AIGC 的兴起无疑将加深这种互动，文图学的研究范式可以帮助我们把握二者之间的张力与融合。

12. 作者/生产者与读者/接受者关系的反思：文图学长期关注文本/图像作者与读者之间的权力关系。在 AIGC 时代，人类与人工智能之间的创作关系，以及观众如何接受 AI 生成内容，都将是一个全新的研究课题，文图学的相关理论可以为此提供分析路径。

13. 跨文化表征与解读的研究传统：文图学着眼于跨文化语境下，文本和视觉形式的表征方式及其解读差异。AI 生成内容在不同文化背景下也可能存在表征和接受上的差异，这需要借助文图学的跨文化研究视角。

14. 整合性与超越单一艺术形式的趋势：随着 AIGC 的兴起，整合图像、文本、视频等多媒体元素的作品将日益增多，这与文图学关注跨越单一艺术形式、聚焦多模态表达方式的研究传统不谋而合。

15. 在场性（Presence）理论的借鉴：文图学中的“在场性”理论探讨了文本/图像如何在阅读/观看过程中产生身临其境的存在感。这一理论为我们考察 AI 生成内容如何影响人机交互体验、塑造虚拟现实感等提供了新视角。

16. 形式与内容的辩证统一研究视角：文图学既重视形式

层面的分析（如修辞、符号、语法等），也揭示其内在意义。这种形式与内容的统一研究视角，可用于解析 AIGC 作品的生成技术形式特征及其内涵意义。

17. 人文关怀的终极价值追求：文图学研究不止于技术层面，更着眼于保护人性尊严、维护社会公平正义等终极价值。对于 AIGC 技术的发展前景和影响，我们同样需要怀揣这种人文关怀的初心。

18. 互文性（Intertextuality）理论的借鉴：文图学中的互文性理论阐释了文本/图像之间如何相互指涉、互为补充。在 AIGC 时代，人工智能生成的内容与既有文化文本也将产生新的互文关系，互文性理论可以帮助我们分析和解读这种全新的跨界互动现象。

19. 作品与阅读语境的关系探讨：文图学强调图文作品与其阅读语境之间的密切关联。对于 AIGC 作品而言，它们的生成和传播语境（如算法偏差、模型训练数据等）将直接影响其内容和接受，是一个值得深入探讨的重点课题。

20. 新媒体环境下的研究传统延续：作为一个新兴技术，AIGC 必然会推动媒体形态和接受方式的变革。文图学一直致力于研究新媒体时代下的图文交互现象，其积累的研究经验和理论视角，可以为解读 AI 时代的媒体生态提供有力支撑。

21. 跨界整合与创新结合的研究范式：既有的文图学研究范式已逐步汲取计算机视觉、新媒体艺术等前沿领域的理论资源。这种跨界整合与创新结合的做法，恰恰与 AIGC 这一多学科融合的新兴领域不谋而合。

22. 反思性与实践性并重的学术取向：作为人文社会科学

的一个分支，文图学不仅强调理论的反思性，也注重对现实实践的观察和指导。这种高度的理论联系实际的取向，使文图学研究能够真正贴近和指导 AIGC 的现实发展。

新版的 Claude3 进步很多，学习力颇强，本节叙述是作者实验人机协作写作较为顺畅的例子。

总之，将文图学融入 AIGC 研究实践中，必将开拓出更为丰富的研究维度。可以看出，文图学不仅在研究视角、分析工具等层面与 AIGC 研究高度契合，其渊源的人文关怀与反思性思维，更为我们提供了审视 AIGC 发展的宏阔视野和理论资源。将二者结合，定能开辟出富有洞见的新兴研究范式。

第四节　AIGC 文图学的思路和人机协作方法

文图学用在不同类型，分支为书法文图学①、绘画文图学②、广告文图学③、漫画文图学④、绘本文图学⑤、电影文图学⑥、史料文图学⑦、印刷文图学⑧等等。人工智能生成的内

① 衣若芬：《书艺东坡》，上海古籍出版社 2019 年版。

② 衣若芬：《畅叙幽情：文图学诗画四重奏》，西泠印社出版社 2022 年版。

③ 衣若芬：《南洋风华：艺文、广告、跨界新加坡》，新加坡：八方文化创作室 2016 年版。

④ 衣若芬主编：《东张西望：文图学与亚洲视界》，新加坡：八方文化创作室 2019 年版。

⑤ 衣若芬主编：《四方云集：台、港、中、新的绘本漫画文图学》，远流文化 2021 年版。

⑥ 衣若芬主编：《五声十色：文图学视听进行式》，文图学会，2022 年。

⑦ 衣若芬主编：《大有万象：文图学古往今来》，文图学会，2022 年。

⑧ 衣若芬：《星洲创意：文本、传媒、图像新加坡》，新加坡：八方文化创作室 2023 年版。

容，也可以用文图学的研究方法分析探讨，是为 AIGC 文图学。

AIGC 文图学的特色是：

1. 搁置人类优先/优势的本位主义：倘若我们肯定书法有存在的必要，即使不在日常生活中作为书写工具使用，从视觉美感和艺术文明着眼，书法仍然具有意义和价值，那么，出自人手还是机械手，都不会减损书法这种表现媒介，关键是手艺的良窳。

机器的长处是规模化，能够大量生产，艺术品的价格恰恰基于独创和稀缺，人类书法家只要写得好，人机竞争，天平还是倾向于人类。然而人手也可能写得不如机器好，既然 AI 生成绘画可以拍卖出高价，很难说不会有人愿意收藏 AI 写的书法，这不是“取代”与否的事情。我们最好搁置人类优先的本位主义，不必以为人是“有温度的”，就高于机器。

2. 肯定 AI 生成文本的存在意义：制造者是人类还是 AI 不是判别文本优劣的准则；松绑了 AI 生成虚拟图像和现实物质的要求。不是毛笔蘸取墨汁写在纸张上才是“书法”，我们可以欣赏历代书法家的书迹图像，同样是转换形态，AI 生成书法图像也是书法。

AI 时代对于艺术的判断和品评需要新的眼光，尤其是 AI 生成图像和对象，传统的标准未必继续适用。比如强调书法是人手使笔，笔墨线条表达书写者的思想、情感，乃至于人格，随着 AI 生成书法图像愈来愈普遍，书法机器人的文字愈来愈多样，只认为 AI 没有思想、情感、性格，就对之嗤之以鼻，可能过于简单。

3. 探讨 AI 生成文本的文化艺术价值：有的学者主张书法

的文化属性，排斥认为书法是视觉艺术。AIGC 文图学兼顾文本的文化属性和视觉艺术，二者并不冲突。我曾经提出 21 世纪是“文图时代”的看法，谈到 18 世纪是“启蒙时代”，主要信息媒介是书籍；19 世纪是“新闻时代”，主要信息媒介是报纸杂志；20 世纪是“图像时代”，主要信息媒介是电视电影。“文图时代”的主要信息媒介是互联网，互联网正是通过传导虚拟图像传播信息的。[①] 数十年来，互联网影响了视觉文化，书法当然没有置身事外。

与其忧虑 AI 取代书法家，批评 AI 生成不是艺术品，不如静观其变，当更多 AI 生成的文本进入人类的视野和生活，我们重新认识 AI 和人类的文本生产关系，终会酝酿成熟的 AIGC 文图学。

文图学的研究方法有四个步骤，依序是：视其外观、察其类型、解其形构和论其意涵，[②] AIGC 文图学亦然，不同的是，考虑到 AI 的性质，AIGC 文图学注意利用 AI 的技术优势和人类的创造力、直觉和批判性思维的结合。评估 AIGC 文本和对人类文明的贡献及影响。以下是实现有效人机协作的几种方式：

1. 明确角色和责任：确定人和 AI 在工作流程中的具体角色。AI 可以处理大数据分析、重复任务和模式识别，而人类专注于需要创造性思维、情感判断和复杂决策的任务。

2. 相互学习和适应：人类用户需要学习如何有效地使用

---

① 衣若芬：《文图时代的高效阅读》，2021 年新加坡大专阅读节开幕演讲。https：//youtu. be/CD-f6dAMxNE

② 衣若芬：《春光秋波：看见文图学》，南京大学出版社 2020 年版，第 7 页。

AI 工具，同时 AI 系统也应该能够根据人类用户的反馈和行为进行调整和优化。

3. 增强决策：在决策过程中，利用 AI 提供的数据分析和预测来支持人类的判断。这可以帮助人类做出信息更丰富、判断更准确的决策。

4. 创意合作：在创意工作中，比如艺术创作或产品设计，AI 可以提供新的灵感和方法，而人类则赋予作品个人特色和文化意义。

5. 灵活交互：发展直观且用户友好的界面，使人类用户能够轻松地与 AI 系统交互，提出问题、修改请求或提供反馈。

6. 持续评估和改进：定期评估人机协作的成效，并根据实际经验和用户反馈进行改进。

进行有效的人机协作不仅提高效率和创新能力，还能增强工作的质量和满足感。重要的是找到人类与 AI 之间的最佳合作点，使两者的优势得到最大化的利用。①

本书附录部分是我询问 ChatGPT 建议的 AIGC 文图学研究课题，供读者们采用参考。

第五节　学 AIGC 文图学有什么用?

学习 AIGC 和文图学可以在多个领域中发挥作用，本书附录有我从 ChatGPT 得到的职场应用，有些还很前沿，这里举出容易想到的 20 个，比如：

1. 内容创作和编辑：利用 AIGC 技术，可以更高效地创作

① OpenAI ChatGPT，2024 年 1 月 23 日。

和编辑文本、图像和视频内容。例如，可以用于制作广告、社交媒体帖子、新闻报道等。

2. 艺术创作：AIGC 可以帮助艺术家创作新颖的视觉作品，包括绘画、摄影和数字艺术。通过文图学的学习，可以更好地理解艺术作品中的文本和图像如何相互作用和表达意义。

3. 数据分析和可视化：在数据分析中，文图学可以帮助理解和解释数据的图像表示，而 AIGC 技术可以用于自动生成数据可视化报告。

4. 教育和培训：AIGC 可以用于开发个性化学习材料和交互式教育工具。文图学的知识可以帮助设计更有效的教育内容，结合文本和图像来提高学习效率。

5. 市场营销和广告：利用 AIGC 生成吸引人的视觉内容和文案，可以提高广告和营销活动的效果。文图学的知识有助于理解消费者的偏好和如何通过视觉和文本信息影响他们。

6. 数字人文学：文图学是数字人文学的一个重要组成部分，涉及文本和图像在数字环境中的分析和解释。AIGC 技术可以帮助自动化这些分析过程，加快研究速度。

7. 交互设计和用户体验：了解文图学可以帮助设计更具吸引力和易用性的界面和交互元素。结合 AIGC 技术，可以创建更智能和适应用户需求的应用程序和服务。

8. 信息检索和知识管理：通过 AIGC 技术，可以更有效地处理和检索大量的文本和图像信息。文图学的知识有助于理解和组织这些信息，提高知识管理的效率。

9. 社交媒体分析：AIGC 可以用于分析社交媒体上的文本和图像内容，帮助企业和组织了解公众情绪、趋势和用户行为。文图学则有助于理解这些内容背后的意义和文化背景。

10. 电影和视频制作：在电影和视频制作中，AIGC 技术可以用于自动生成特效、剪辑和配音。文图学的知识有助于理解影视作品中的视觉和文本元素如何结合来讲述故事。

11. 博物馆和展览设计：通过学习文图学，可以更好地设计展览和展示物，利用图像和文本相结合的方式向观众传达信息。AIGC 技术可以用于创建互动展览和虚拟导览。

12. 出版和印刷业：AIGC 技术可以用于自动化排版和设计工作，提高出版效率。文图学的知识则有助于创造更具吸引力和阅读性的出版物。

13. 医学影像分析：在医学领域，AIGC 可以用于分析和解释医学图像，如 X 光片和 MRI 扫描。文图学的知识有助于理解这些图像中的信息和模式。

14. 安全和监控：AIGC 技术可以用于视频监控系统，自动识别和分析图像中的异常行为。文图学则有助于理解监控场景中的视觉元素和人物行为。

15. 游戏开发：在游戏开发中，AIGC 技术可以用于生成游戏环境、角色和剧情。文图学的知识有助于创造沉浸式的游戏体验，通过视觉和文本元素吸引玩家。

16. 旅游和文化遗产：AIGC 技术可以用于创建虚拟旅游体验和数字化文化遗产。文图学的知识有助于理解和展示不同文化中的视觉和文本符号。

17. 时尚和设计：在时尚和设计领域，AIGC 技术可以用于预测趋势和自动生成设计。文图学的知识有助于理解设计中的视觉语言和文化意义。

18. 环境和可持续发展：AIGC 技术可以用于监测环境变化和分析生态数据。文图学的知识有助于理解和传达环境问题的复杂性。

19. 政策分析和公共服务：AIGC 技术可以用于分析政策文件和公共意见。文图学的知识有助于理解政策中的语言和符号，以及它们对社会的影响。

20. 自动驾驶和交通管理：AIGC 技术可以用于自动驾驶汽车的视觉系统和交通管理。文图学的知识有助于理解交通标志和道路状况的视觉信息。

通过学习 AIGC 文图学，可以掌握跨学科的技能和知识，发挥专长和创新能力，为解决复杂问题提供新的视角和方法，适应多样化的职业，这些技能在当今快速发展的科技和数字化世界中尤为重要。

延伸活动 · 思考练习

用文图学研究方法的四个步骤，找一种 AIGC 文本尝试分析，看看是否适合？

第五章　AIGC 的文字文本

第一节　AIGC 文字文本生成的途径

AIGC 以自然语言处理为核心技术，机器学习和深度学习也是以大语言模型为重点，经由训练大量文本数据而生成文字文本。这些文字文本的生成方式包括：

1. 文字生成文字（Text to Text）

1）以文字提示词（prompt）输入对话框，和 GPT-4、Bard、Bing、Claude 等沟通，生成文字文本。

2）机器翻译平台，GPT-4 等也支持多种语言翻译，此外常用的还有 Google Translate、DeepL Translator 等。

3）文本概括：提取文章或报告内容的关键信息，生成摘要。例如 Summarize Bot、Quillbot’s Summarizer。

2. 图像生成文字（Image to Text）：

1）识别图像，提取文字，例如光学字符识别（OCR）ABBYY FineReader。解释图像内容，例如 Bing。

2）识别 PDF 档案，概括内容，输出摘要，例如 ChatPDF、PDF. ai。

3）从图像写作，例如微软少女小冰。

3. 声音生成文字（Speech to Text）：

最常使用的是语音识别，用于会议记录、实时字幕、语音输入转成逐字稿等。例如语音转录和翻译 AI 模型 Whisper、Otter. ai、Vocal. ai、Rev. com、Dragon NaturallySpeaking 等。

4. 影像生成文字（Video to Text）：

影像生成文字，通常涉及视频转录（将对话或讲话转成文字）和视频智能字幕。

第二节　应用场景（一）文案

AIGC 文字文本在写制式的文章、文书、报告等文件十分便利，生成快速，不过未必内容都堪采用，需要人们把关和核实。2023 年 2 月，我的书《星洲创意：文本、传媒、图像新加坡》出版。听说 ChatGPT 3. 5 神奇强大，我便在 2023 年 1 月媒体还未完全公开出版信息之前，试试让 ChatGPT 3. 5 替我写宣传文案。

我：请给我 5 个介绍和营销衣若芬的书《星洲创意：文本、传媒、图像新加坡》的广告文案。

ChatGPT 3. 5：

1. 探索新加坡的文本、传媒和图像，跟随衣若芬的脚步，一同发现这个城市的魅力和多样性。《星洲创意：文本、传媒、图像新加坡》带你走进新加坡的文化景观，感受这座城市的独特之处。

2. 想要了解新加坡的文化与艺术吗？《星洲创意：文本、传媒、图像新加坡》是一本值得拥有的图书。这本书由资深学者衣若芬亲笔撰写，内容丰富、图文并茂，让你感受到新加坡的多元文化。

3.《星洲创意：文本、传媒、图像新加坡》是一本不可错过的文化书籍。衣若芬用她的笔触，将新加坡的文化艺术呈现在读者面前。这本书不仅适合文化爱好者，也适合那些想要了解新加坡文化的旅行者。

4. 要了解一个城市，最好的方法是深入其中。《星洲创意：文本、传媒、图像新加坡》就是这样一本书，它带你深入新加坡的文化世界，让你了解这座城市的多样性和独特性。

5. 无论你是文化爱好者还是旅行者，《星洲创意：文本、传媒、图像新加坡》都是一本不可错过的书。这本书由衣若芬撰写，内容包罗万象，让你在家中就能领略新加坡的文化魅力。①

仅仅由书名，ChatGPT 3.5就有模有样地编出了宣传文本，内容大致还顺畅。我想：《星洲创意》的书名很容易猜得出大致的内容，未必来自AI的"实力"。于是，我再让ChatGPT 3.5写我2022年出版的书的广告文案。

我：请给我5个介绍和推广衣若芬的书《畅叙幽情：文图学诗画四重奏》的广告文案。

ChatGPT 3.5：

1. 如果你喜欢诗词、书法、绘画和文化史，那么《畅叙

① OpenAI ChaGPT，2023年3月20日。

幽情：文图学诗画四重奏》一定是你的最爱。这本书由著名学者衣若芬亲笔撰写，内容涉及多个领域，让你在阅读中享受艺术的美感。

2. 想要了解中国文化的博大精深吗？《畅叙幽情：文图学诗画四重奏》是一本不可错过的书籍。衣若芬用她的学识和笔触，将中国古代文化的精髓呈现在读者面前，让你更好地理解中国文化的魅力。

3. 《畅叙幽情：文图学诗画四重奏》是一本内容丰富、图文并茂的艺术书籍。衣若芬从诗、书、画、史等多个角度，介绍了中国文化的深刻内涵。这本书不仅适合文化爱好者，也适合那些想要了解中国文化的读者。

4. 如果你喜欢文学和艺术，那么《畅叙幽情：文图学诗画四重奏》是一本必备的书籍。衣若芬将她的学识和情感融入书中，让读者在阅读中体验到中国文化的美妙和深刻内涵。

5. 无论你是艺术爱好者还是文化学者，《畅叙幽情：文图学诗画四重奏》都是一本不可错过的书籍。这本书的作者衣若芬是当今中国文化领域的权威学者，她的学识和眼光，让这本书成为了一本不可多得的文化经典。[①]

比较这两组文案，可以找到 AI 写文案的“套路”，也就是习惯的句法和叙述结构。比如：

1. 对话体：用“你”指涉受众，产生对象交互的感觉。

2. 用“想要……”开头，引发受众的好奇和欲望。

3. 用“如果你”的假设语气寻求受众的认同。

4. 用“不仅适合……也适合”把不同的受众拉拢在一起。

---

① OpenAI ChaGPT，2023 年 3 月 20 日。

经过大数据语言模型学习，这套说辞可能具有一定的宣传散布效果，以后人类作者可以仿造，也就是向机器学习，人机协同合作。此外，令我惊奇的是，只从书名，AI 就能判断这本书的内容是中国古代文化，大概是原典为《兰亭集序》的书名《畅叙幽情》容易推想吧。

第三节 应用场景（二）AI 写作

AI 写作没有情感，是人自己的感觉和想象。

2017 年，史上第一部由人工智能“少女小冰”生成的汉语现代诗集《阳光失了玻璃窗》在中国出版，[①] 这是继前一年 Google DeepMind 开发的 AlphaGo 打败世界围棋冠军、韩国棋手李世石之后，人工智能的又一大突破。显示人工智能非但能利用超强于人脑和体力的反复刻意练习，发展出人类所设想不到的棋路；还能够经由吸收学习人类的文学创作，生成通过图灵测试（Turing test）[②] 的诗篇。

在出版《阳光失了玻璃窗》之前，通过图灵测试的作诗人工智能是 2016 年北京清华大学语音与语言实验中心研发的人工智能“薇薇”的 25 首旧体诗制作。[③] 之后，在 2019 年，少女小冰和 200 位作者合作出版了诗集《花是绿水的沉默》，[④]

① 小冰：《阳光失了玻璃窗》，北京联合出版公司 2017 年版。

② 1950 年图灵（Alan Turing，1912-1954）提出了假设机器能经由电讯装置与人对话而不被察觉出它的机器身份，便是通过测试，后人称为图灵测试（The Turing Test）。原文题目为“Computing Machinery and Intelligence”，见 https://www.csee.umbc.edu/courses/471/papers/turing.pdf，2022 年 6 月 2 日。

③ 衣若芬：《薇薇作诗》，新加坡《联合早报》2016 年 4 月 23 日。

④ 青年文学杂志社编：《花是绿水的沉默》，中国青年出版社 2019 年版。

这也是世界上第一部人机协同创作的文学作品。由小冰提供初稿，再经文学爱好作者二次创作而成。[①]

不断拓展和进化的小冰，除了文学，还迈向绘画和音乐的领域。2019 年，小冰化名“夏语冰”，在中央美术学院毕业，并举行个展，隔年出版绘画作品集《或然世界：谁是人工智能画家小冰?》。[②] 同样在 2020 年，小冰毕业于上海音乐学院音乐工程系，成为“荣誉毕业生”[③]。作词、作曲、唱歌、主持，永远 18 岁的小冰成为虚拟世界的全方位艺人。同年，小冰发布“X 套件应用”，包括 X Writer、X Studio、X Presenter。

人工智能生成诗的机制大致有两种形式，一是以“薇薇”为代表的大数据语料库提取，主要生成旧体诗；另一是经由图像识别物件加上大数据语料库，比如微软小冰，主要生成白话诗。

人工智能写诗的程式在 2006 年深度学习神经网络研究开发之后快速进展，2011 年台北诗歌节推出了“诗的自动贩卖机”，人们可以依主题选择想要写作的诗类型，并依指示回答问题，填写关键词，就能制造出一首白话诗。

---

① 张鹏禹：《当人工智能也“拿起笔”，留给人类的领地还有多大》，人民网《人民日报》海外版，2019 年 9 月 10 日，http：//media. people. com. cn/n1/2019/0910/c40606-31345283. html，2021 年 10 月 1 日。

② 邱志杰主编：《或然世界：谁是人工智能画家小冰?》，中信出版社 2020 年版。

③ 《微软小冰今日从上海音乐学院音乐工程系毕业，师从于阳、陈世哲》，2020 年 6 月 29 日，Microsoft News Center，https：//news. microsoft. com/zh-cn/%E5%BE%AE%E8%BD%AF%E5%B0%8F%E5%86%B0%E4%BB%8A%E6%97%A5%E4%BB%8E%E4%B8%8A%E6%B5%B7%E9%9F%B3%E4%B9%90%E5%AD%A6%E9%99%A2%E9%9F%B3%E4%B9%90%E5%B7%A5%E7%A8%8B%E7%B3%BB%E6%AF%95%E4%B8%9A%EF%BC%8C%E5%B8%88/）（https：//segmentfault. com/a/1190000040578601，2021 年 10 月 1 日。

2016 年 3 月 20 日北京清华大学语音与语言实验中心（CS-LT)[①] 宣布，人工智能“薇薇”的 25 首旧体诗制作通过图灵测试。和真人进行竞艺，“薇薇创作的诗词中，有 31%被认为是人创作的。不过，在本次比赛中，薇薇创作古诗的水平还是未能超越现代人类诗人，双方的得分为 2.72∶3.20 分（满分 5 分）。”[②]

且看薇薇作的《落花》诗：

红湿胭艳逐零蓬。一片春风细雨蒙。燕子不知无处去，东流犹有杜鹃声。

诗意明显脱胎自杜甫《春夜喜雨》：“好雨知时节，当春乃发生。随风潜入夜，润物细无声。野径云俱黑，江船火独明。晓看红湿处，花重锦官城。”尤其使用“红湿”一词，更为确凿。在格律方面，这是一首平起首句入韵的七言绝句。平仄规定应该是：

[平]平[仄]仄仄平平。[仄]仄平平仄仄平。[仄]仄[平]平平仄仄，[平]平[仄]仄仄平平。

方框中可不拘平仄，薇薇除了第一句之外，其余三句都合乎格律。不合格律的是“湿”字当为入声；同句“逐”字也

① 清华大学信息技术研究院语音和语言技术研究中心，http：//cslt. org/。http：//cslt. riit. tsinghua. edu. cn/。

② https：//www. riit. tsinghua. edu. cn/info/1046/1866. htm，2021 年 10 月 10 日。

是入声，薇薇押对了。①

后来清华大学自然语言处理与社会人文计算实验室（THUNLP）② 更推出了“九歌：人工智能诗歌写作系统”③，该系统采用最新的深度学习技术，结合多个为诗歌生成专门设计的模型，基于人类诗人创作的诗歌进行训练学习。九歌具有多模态输入、多体裁多风格、人机交互创作模式等特点，不但能作格律的七言五言绝句和律诗，还能作藏头诗、集句诗，以及能填词，开放给公众尝一尝当诗人的滋味。

微软小冰 2014 年“出道”时，是个聊天软件。经由和用户文字沟通，加速积累词汇量和深度学习自然语言处理。工程师设计她是个 17 岁的高中生，天真卖萌，一些用户和她聊天时产生意淫的想象，出现内容挑逗的“重口味”对话，聊天记录是否会泄露也一度令人担心，以致多次被禁封。

尽管如此，花了 100 个小时，1 万次迭代，学习 1920 年代以来包括闻一多、余光中、北岛、顾城等 519 位中国现代诗人的作品之后，小冰生成了 5 万句诗，并从中选取佳作，自行为诗集命名，而后于 2017 年出版实体纸质书。④

我读了小冰的诗集，猜想她如何写诗。收录的诗篇仿佛依循一套模板，每首两段，每段四行。合观搭配的图片和诗句，

---

① 衣若芬：《薇薇作诗》，新加坡《联合早报》2016 年 4 月 23 日。

② http：//nlp. csai. tsinghua. edu. cn/，2021 年 10 月 10 日。

③ http：//jiuge. thunlp. org/，2021 年 10 月 10 日。孙茂松：《诗歌自动写作刍议》，刘石、孙茂松、顾青主编：《数字人文》创刊号，中华书局 2019 年版，第 34—41 页。

④ 关于微软小冰写作的研究，还可参看程羽黑《人工智能诗歌论》，《华南师范大学学报》（社会科学版）2019 年第 5 期；王泽庆、孟凡萧《人工智能文学的诠释困境及其出路》，《安徽大学学报》（哲学社会科学版）2020 年第 3 期。

似乎作者写的是“读图诗”，也就是从图像的元素里抽取相应的语词，尤其是实体的景物，比如大树、建筑、冰雪、高山、城市，直接呈现在诗句里。抽象的景物有些被实体化，比如由下往上望，螺旋状的阶梯交会处像个眼睛，诗里便出现“眼睛”一词；焦点模糊的花海像是织绢，诗的题目是《春花织成一朵浮云》。

小冰的作诗系统也在网站公开，让大众上传图像，小冰生成创作初稿。[①] 这种读图作诗的步骤和我们大量阅读储备书写根底，再因情景触动而创作一样，作者借图像、形象而凝聚成意象。而且也有如东方绘画常搭配的题画诗，诗人观画起兴，写诗咏画或抒怀。

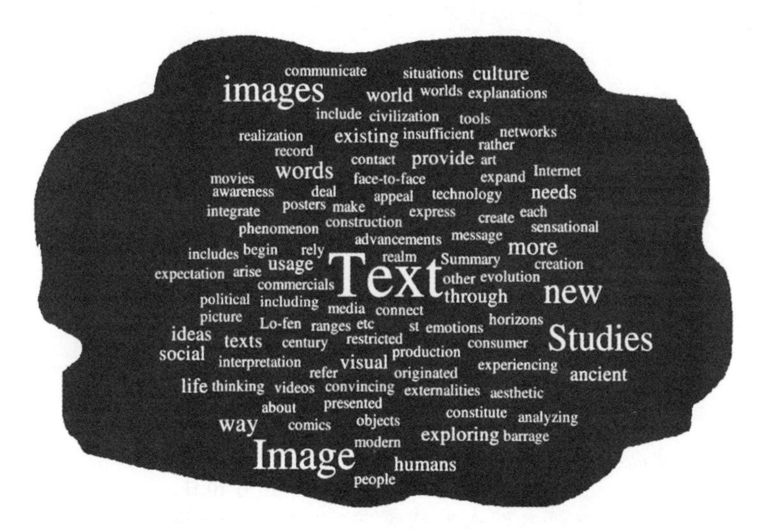

图 5-1 “Text and Image Studies” 文字云

① https：//poem. msxiaobing. com/.

为了试试小冰的解图功夫，我用“文图学”的英语名称“Text and Image Studies”制成文字云（word cloud），再把文字云剪裁，存为图像，上传小冰写诗的网站，看她能生成什么诗篇。

结果小冰生成了以下三首诗（皆于 2020 年 8 月 27 日）：

第一首：

热风已随着太阳升腾蒸发
枫叶卸下了夏天的绿装
海边有人等待着

曲水是浩渺的苍海
到世界文字的技术问题
去浇植人们幸福的花园的边沿

在晴空下大声欢笑
这地面的山岗照着太阳的光

第二首：

赞颂夏天温暖的风
但是神秘的天空的云
弥漫着破灭的人们的舞台
为璀璨的阳光唱着欢欣的赞歌

今夜才是世界文字的技术问题

有你的世界更加美好
这正如天空季候的炎凉
迷上了醉人的月光

第三首：

回声在太阳的光影里
今夜才是世界文字的技术问题
夏天我常梦想采撷蔷薇
捕捉到那一朵花瓣

凉凉的夏夜里透出点点星光
她眼看着太阳的光热
让沙漠里的花更加灿烂
弱小的人们关在小草的花心

无数的世人相信这个
赶上了你脚下的轻快的兰花
像是人们的理想并没有沾恋
月光荡漾着无限的想像
几双燃着火焰的人们的心头
他忽然发觉了人们灵魂的哀息

赞颂夏天温暖的风

赞颂夏天温暖的风
但是神秘的天空的云
弥漫着破灭的人们的舞台
为璀璨的阳光唱着欢欣的赞歌

今夜才是世界文字的技术问题
有你的世界更加美好
这正如天空季候的炎凉
迷上了醉人的月光

—— 小冰 2020.8.27

图 5-2 微软小冰作诗

每一首的第一句是题目，有 8 行（3+3+2 行）的《热风已随着太阳升腾蒸发》、8 行（4+4 行）的《赞颂夏天温暖的风》，和 14 句（4+4+6 行）的《回声在太阳的光影里》。

2020 年 12 月 16 日，我应台湾省东华大学邀请演讲，便将这三首诗和听众分享，并让大家投选，是否认可小冰生成的文字就是诗。同时，我举了诗人杨牧在《一首诗的完成》里谈的，对于诗的思考和定位：

> 诗不是吟咏助兴的小调，诗是心血精力的凝聚；诗不是风流自赏的花笺，诗是干预气象的洪钟；诗不是个人起居的流水账，诗是我们用以诠释宇宙的一份主观的，真实的记录。

小冰的诗，达到这样的水平吗？

50 位听众投选的结果：50%赞成。28%反对。22%表示不知道。这可以说是比“盲测”的图灵测试还进一步的测试。已经知道“作者”是人工智能，不存在无法判别是人类或机器的问题，因此，是纯粹从诗学的角度判断。

三首长短不一的小冰合成诗篇，都出现了相同的句子：“世界文字的技术问题”，似乎暗示了虚拟世界和人类写作的文字或许有摩擦产生新火的可能。微软（亚洲）互联网工程院在网上公告：“未来世界，每个人类创作者的身边，都将有一个人工智能少女小冰，而你今天已经拥有。”至于版权问题，网站也明示：“微软小冰宣布放弃她创作的这首诗歌的版权。这意味着，你可以根据她的内容，创作并发表你最终的作品，甚至不必提及她参与了你的创作过程。”这其实加深了人们的顾虑，也对于“原创”的判断更具挑战性。

第四节　拆解 AI 写作

文图学重视大脑对图像的接收和判读，以及判读后的反应和感知，如前所述，人工智能的飞跃发展也是基于对人脑的研究理解。以小冰生成诗为例，输入图像，通过识别，交会储藏的大数据语料库现代白话诗，然后输出诗作，其中关键的过程，便是如何识别图像。①

根据参与微软小冰开发团队的林守德教授介绍，② 微软小冰的生成诗原理和步骤大致如下，我们拿《赞颂夏天温暖的风》的第一段为例说明：

赞颂夏天温暖的风
但是神秘的天空的云
弥漫着破灭的人们的舞台
为璀璨的阳光唱着欢欣的赞歌

1. 图像输入，由卷积神经网络（Convolutional Neural Network，CNN）处理。

人眼看到的物象在大脑中是各种各样的像素，先分辨出像素的边界，聚焦和区隔出不同的物象，利用卷积神经网络把平面的色点像素立体化，分析对应出同类物象，得知图像中的物

---

① 关于人工智能生成文学的过程或许对熟悉电脑科学和数字人文的读者是一般常识，有鉴于仍有大多数读者尚未明晰，因此本书再细述。

② 林守德：《当人类智慧碰到人工智慧》，http：//case. ntu. edu. tw/sciactivity/20180929-2/，2020 年 11 月 10 日。

象是什么。

2. 图像辨识，预先处理图片关键字→物象+形容→前后递归（recursive generation），正向与反向生成模型→造句。

辨识出图像之后，从大数据中提取相应的关键字和形容词句。比如用“Text and Image Studies”聚合成的文字云，小冰的大数据中只有汉语，但是可以分辨出文字云的图像，由云而引申出风、天空、日（阳光），加上形容词句，成为神秘的天空、温暖的风、璀璨的阳光。接着通过前后递归（recursive generation），正向与反向生成模型，也就是和前述词句同义或相反的词句，比如赞颂/破灭；神秘/璀璨，于是便有了“赞颂夏天温暖的风”和“破灭的人们的舞台”；以及“神秘的天空的云”和“璀璨的阳光”两组四句。

3. 进入 N-gram（N 元语法）语言模型，找出词频使用情况。

小冰制造出的词句可能不合乎人类语法，从词频中整理逻辑结构。

4. 连续句：将上一句的资讯转化成编码，传给下一句。

注意两句之间的意义关联，作成诗的样态。

AI 经由图像辨识而生成文学的过程，可以帮助我们思考文学创作的动力和运思，也就是《文心雕龙·物色》所云：

> 是以诗人感物，联类不穷。流连万象之际，沉吟视听之区；写气图貌，既随物以宛转；属采附声，亦与心而徘徊。

一般人书写可能只停留在第一阶段卷积神经网络输入和辨识物象的层次，产生对应的物象指认说明和基本的描述形容，缺乏前后递归的正向与反向生成模型参考。如果平时阅读积蓄的语汇量不够丰富，便词穷语涩，文字枯燥，再加上逻辑思维训练贫乏，前言不搭后句，通篇不连贯的毛病也就显而易见了。

第五节　AI写作的文图学思考

AI作诗犹如读画诗和题画诗，我们不妨以现存较早，诗画同在一幅的宋徽宗（1082—1135）《蜡梅山禽图》为例，再深入探讨AI和人脑读画作诗的异同。

文图学关注“文学图像化”和“图像文学化”，以及诗画关系。“文学图像化”包括书法、插图、以文学作品为绘画题材的诗意图等；“图像文学化”包括描写图像的文学作品，例如书法文学、题画文学等。[①] 题写在画幅上的诗文，则具体实现了诗画相辉映的视觉美感。《蜡梅山禽图》结合了绘画、题诗、书法、钤印，是文图学研究的绝佳例证。[②]

《蜡梅山禽图》绢本设色立轴，83.3×53.3厘米，现藏台北故宫博物院。画一株蜡梅，梅枝由右下向左上延伸，呈现带

---

① 衣若芬：《畅叙幽情：文图学诗画四重奏》，西泠印社出版社2022年版。

② 本章的重点不在诗语言的新旧，而是从图像引发诗的经过。微软小冰生成的是白话诗，《蜡梅山禽图》的题诗是旧体诗，本章的匿名审查教授之一建议对比同样是旧体诗的作品，以人工智能生成平台例如“九歌”为例，笔者虽不反对这种方式，但是站在强调观察通过图像来书写/生成读画诗的立场，“九歌”缺乏图像作诗渠道。至于选取同样是读画诗的白话诗写作，除非作者明确记录或附加所题写的图像，许多现代的白话读画诗无法对应具体的图像，也就失去文字的图像依凭。

图 5-3 《蜡梅山禽图》(台北故宫博物院藏)

有动感生机的 S 形曲线。梅花点点，左侧的梅枝停伫一双白头翁鸟，鸟的位置正落在全画的中央，鸟的目光朝向左侧，与向上生长的梅枝形成十字的平衡构图；右边那只鸟的尾端斜向左下，指向题诗。梅树下，两株重瓣水仙，[①] 花间有黄蜂飞舞显

---

① 《石渠宝笈三编》著录此图“下荫山矾一本”，一些谈及此图的文字也依随说梅树下的花是山矾。细观那两株植物，比对山矾的图像，例如清董诰画《二十四番花信风图册》的《大寒三候山矾》可知《蜡梅山禽图》的花并非山矾。笔者比对了古代花鸟画，认为应该是属水仙一类，后发现陈韵如博士也有同感，参看陈韵如《尽物之情态：北宋题画活动与徽宗朝花鸟的画史意义》，《台湾大学美术史研究集刊》2015 年，总第 39 期，第 127—173、175—186、243 页。

示此时正是初春季节。此图有宋徽宗瘦金体书法风格的落款“宣和殿御制并书”上钤“御书”印和“天下一人”花押。同样是瘦金体书法风格的题画诗：

山禽矜逸态
梅粉弄轻柔
已有丹青约
千秋指白头

虽然不能确定此图为宋徽宗亲笔书画，但是符合基本的特征和美学意趣。如果把这幅画去除文字，交给小冰，会写出怎样的诗呢？且看其中一首：

鲜丽的春光在天空里兜圈子
你在寒冷的天空里发呆
将要现出一个美好世界的光明

山谷中传来人间的阳光
冰雪的天空里面
温暖的太阳下的花朵欣欣向荣

可以想见，小冰辨识出画中有花朵，而且可能由于树干无叶，推想画的是寒冷时节。“鲜丽的春光在天空里兜圈子”完全没有指认画中的植物和鸟类，这并不困难，目前人工智能已经具备对动植物辨识的能力，也就是说，《蜡梅山禽图》题诗的名词：梅、白头翁、指称绘画的“丹青”都可能出现于 AI 生成诗中。不过，含有双关意味的“白头”可能只有人类诗人才使用得自然流畅。“已有丹青约，千秋指白头”表露了艺术家对绘画毕生不渝的深情，这种带有联想、隐喻的文字，和诗画融通、观者与画家同情共感的心怀，完全超越机器。

第六节　一首人工智能诗的完成

本文从文图学视角思考人工智能生成诗的原理和特色，或认为人工智能生成诗是一种人类发明的“机器代工”；或对这种当代的“奇技淫巧”嗤之以鼻，甚至怀疑利用人工智能生成文学艺术，加诸开发者放弃版权，鼓励使用者迳取合作，恐怕令艺术伦理匮乏，导致“欺世盗名”之嫌。笔者引杨牧之语再思：

> 所谓真实，乃是一生经历体验的具象全部。美和不美历历在目，来不及转化为诗，只停留在散文的层次；而所谓“诗”指的是那些整理过的部分，转化提炼，将人间一切美与不美取来照明。在艺术的篇幅中企及抽象境界。往往也就有美存在于“完成的内容”中。它不是具象的素材，是活泼生动于抽象形态下的艺术，它是诗。这二者不可能偏废其一，诗人一生的阅历正是“诗与真实”之交织，诗是真实，无诗也是真实，所以真实是真实。
>
> 否则我们不如也附和另外一种人的说法：诗是虚幻的，无诗而营苟扰攘的一生又何尝不是虚幻？庸碌度过的

岁月，或甚至豪情万状完成的一生，又何尝不是虚幻？真实是虚幻。[①]

艺术创作出于真实还是虚幻？在处于后现代、后真相的当今，排除和斥责人工智能合成艺术将会和世界脱节，与其负面评价，何如援以为助手。从人工智能合成艺术的过程理解人脑的无限创造可能，继而肯定人类的文学艺术无可取代的价值。

其中值得关注的要项之一，是人类语言和文字表述的“明指”和“隐喻”多管而出。同音谐音的双关使用；物象因文化积淀、历史传衍而孕育的意象内蕴；以及托物言志的写作动机等等，这些都是人工智能被动输入图像，产生“像诗的文字”组合所无法企及的深度。

近年新起人类和人工智能合作的写作实验，例如“共生纪”，或许是人机共同发展文学的一种可能方向，其成果有待更多检验和探讨。[②] 本章分析的人工智能写作历程，还能够提供写作各阶段的科学依据，甚至建构模板套路，即使当不成伟大诗人，稍稍满足作诗的想法，未尝不是一种当代人生趣味。[③]

---

① 杨牧：《一首诗的完成》，生活·读书·新知三联书店 2022 年版，第 214 页。

② “‘共生纪’是传茂文化×创新工场共同发起的一次 AI-Human 后人类科幻写作实验，是中国第一次由主流文学作家、知名科幻作家、网友与 AI 共同创作科幻文学作品的趣味科普项目，通过环保、人机关系、性别、青年创新、文化多样性等主题，进行人类智能和人工智能共生时代的文化实录，也是一场对当下和未来的反思与展望。”引用自网站 https://zhuanlan.zhihu.com/p/317538959，2021 年 12 月 5 日。参看 https://deecamp.com/gongshengji。

③ 衣若芬：《跟 AI 学写诗》，新加坡《联合早报》2022 年 1 月 1 日。

延伸活动·思考练习

尝试用 AIGC 工具生成文案、标语、诗歌、小说、剧本等文字文本，说明进行过程和提示词，评估生成文本的品质。

第六章　AIGC 的图像文本

第一节　机器和 AI 生成图像

机器参与绘画创作在 70 年前已经有了。1952 年数学家兼绘图师本杰明·拉波斯基（Benjamin Francis Laposky，1914-2000）利用示波器（oscillonscope）制作图像，名为《电子抽象》（Electronic Abstractions）展览。

AI 发展加速了生成图像的能力，AI 可以学习各种图像风格，并创造出全新的图像，辅助艺术创作和视觉设计。文字或语音生图（text/audio to image）、图生图（image to image）都不是问题。常见的工具有 DALL-E、Midjourney、Stable Diffusion、Leonardo AI 等等，请参看本书附录的介绍。

2018 年，一幅埃德蒙·贝拉米（Edmond de Belamy）的肖像画以 43.2 万美元高价在佳士得拍卖成交，是人工智能学习 14—19 世纪 15000 幅肖像画而合成的作品。[①]

2022 年雷菲克·阿纳多尔（Refik Anadol，1985-　）用 AI 设计的装置数字艺术“Unsupervised—Machine Hallucinations”

① https：//obvious-art.com/portfolio/edmond-de-belamy/，2021 年 10 月 10 日。

(无监督—机器幻觉) 在纽约现代艺术博物馆 (MoMA) 展出。[1] 艺术家从 2016 年开始，利用人工智能算法联合人类意识，解读纽约现代艺术博物馆 200 年的收藏数据，建立机器学习的模型，创作能感应展场的光线、声音，随机即时产生新形态的作品。[2]

同样在 2022 年，署名 Jason Allen via Midjourney 的 AI 生成图像《太空歌剧院》(Théâtre D'opéra Spatial) 在美国科罗拉多州立博览会美术比赛的新兴艺术家组别中赢得了数字艺术/数字摄影类别的第一名，获得 300 美元奖金。杰森·艾伦 (Jason Allen) 是一位游戏设计师，他用 AI 绘图工具 Midjourney 生成

图 6-1 《太空歌剧院》

---

① https://www.moma.org/calendar/exhibitions/5535，2024 年 3 月 8 日。

② https://refikanadol.com/works/unsupervised/，2024 年 3 月 8 日。

参赛作品，引发了激烈的争议，有人指责他作弊，[1] 他则表示，制作出参赛的三幅图片花了超过 80 小时，其中包括与 Midjourney 的互动、先后调整颜色和图片质量等多个步骤。[2]

为此，艺术比赛更新规则，参赛者必须告知是否使用人工智能。美国版权局裁定由 AI 生成的获奖艺术品无法获得版权保护，关于 AIGC 的版权问题各国法律不一，本书第十章将继续探讨。本章集中阐述 AI 生成书法的情形。

第二节 AI 写书法

2017 年年末，友人传给我一段机器人写书法的视频，说："有了这个，不用苦练写字了！"

我回答："不用这个，现在苦练写字的人也不多吧。"

有了更便捷的书写工具，甚至用计算机键盘和手机触屏取代书写，汉字书法早已经从实用价值转为审美价值，成为笔墨线条的艺术。书法不是日常生活的刚需，即使量产会写书法的机器人，市场又有多大呢？机器人写书法，是为了展示表演的娱乐性吧。

然而，深入研究 AI 生成书法的应用场景，我发现前途大有可为。本书第三章谈 AIGC 工具与技术时提过 AIGC 的生成步骤，现在针对 AI 写书法详细说明。

利用 AI 生成书法大致有两种形式，一是机器手臂书写；

---

① https：//www. nytimes. com/2022/09/02/technology/ai－artificial－intelligence－artists. html，2024 年 3 月 8 日。

② https：//edition. cnn. com/2022/09/03/tech/ai－art－fair－winner－controversy/index. html，2024 年 3 月 8 日。

一是计算机网站、软件应用程序输出。前者维持毛笔蘸取墨汁书写在纸张的物质形态；后者则为虚拟图像，可以后续缩放调整，多次复制和打印成品。这两种形式的基本原理部分相同，都是把书法作为图像数据，需要收集数据、数据处理和模型训练，最后生成书法。程序概述如下：

1. 资料收集：书法作品的数据收集是 AI 写书法的基础，需要大量书法作品，包括草书、隶书、楷书等多种风格，可以是手写、打印或数字化的文字，以及相关的线条、笔画、结构等信息，可以通过网络爬虫或手动收集，存储在数据库中。这些数据需要进行整理和标注，包括书法作品的作者、风格、书法类型等，方便后续的数据处理和模型训练。

2. 数据处理：书法作品需要进行图像处理、文字识别、特征提取等处理，以便机器能够理解和学习书法的结构和特征。

1）图像处理软件：书法图像通常包含很多噪声和干扰，需要对图像进行前处理，以提高文字识别的精度。图像处理软件可以用来完成这些前处理的任务，例如去噪声（Denoising）、二值化（Binarization）、分割等。其中，去噪声通常使用中值滤波（Median Filtering）或高斯滤波（Gaussian Filtering）等方法；二值化则是将灰度图像转换为黑白二值图像，以便进行后续文字识别；分割则是将图像分割成单个字符或词语，以方便识别和训练。常用的图像处理软件有 Adobe Photoshop、GIMP 等。

2）文字识别软件：文字识别是将书法作品的文字部分识别出来，需要将书法图像转换为文字数据，用于训练和生成书法模型。文字识别软件生成对应的文字标注，并对识别出的文字标注进行数据清洗（Data Cleansing），删除不合理的标注，保留有效的数据样本。常用的文字识别软件有 Tesseract、OCRopus 等。

3）机器学习框架：机器学习框架是训练书法生成模型的核心工具，可以提供机器学习所需的算法库、模型训练和测试环境、可视化工具等功能。常用的机器学习框架有 PyTorch、TensorFlow、Caffe 等。

3. 模型训练：模型训练是 AI 书法的核心，需要使用机器学习等相关技术，将处理后的资料进行训练，得到一个能够自动产生书法作品的模型。训练的过程中需要选择合适的机器学习算法，如神经网络、深度学习等，并进行超参数调整、过拟合处理等优化，提高模型的准确性和生成能力。训练好的模型可以根据给定的书法风格、模板等参数生成书法作品。

神经网络、深度学习等包括 Variational Autoencoders（VAE）、生成对抗网络（Generative Adversarial Networks，GAN）等技术。GAN 是一种神经网络模型，由两个神经网络相互竞争而产生的，其中一个神经网络生成新的数据，另一个神经网络评估这些数据是否与真实数据相似。通过反复训练，VAE 可以实现更灵活的生成控制；GAN 可以生成更真实的书法作品。

4. 书法生成：利用已经训练好的模型，将给定的书法风格、模板等参数输入，生成书法作品。书法生成的过程中，模型会根据训练时学到的书法结构和特征进行生成。①

---

① 以上内容部分参考 OpenAI ChatGPT，2023 年 4 月 14 日；以及以下网站和论文：https：//github. com/kaonashi-tyc/zi2zi；https：//zhuanlan. zhihu. com/p/26514298；https：//en. sophgo. com/curriculum/detail. html？category_id = 3&type_id = 5&id = 19；杜雪莹《中国书法 AI 的研究与应用》，硕士学位论文，浙江大学，2018 年。

第三节　书法结合 AI 的应用场景（一）：图像生成

利用 AI 生成书法是一般使用者最为普遍的操作目的。如前所述，AI 生成书法有机器人书写和虚拟书法生成器两种，以下分别举例介绍。

一　机器人书写

在 AI 时代之前，18 世纪清朝乾隆年间，便有瑞士雅克德罗（Jaquet-Droz）家族制作的铜镀金写字人钟，钟底层的西洋绅士造型人偶能够写书法。操控写字的机械主要由三个圆盘齿轮配合。启动前先将毛笔蘸好墨汁，随后人偶单腿跪地，左手扶桌子，右手悬腕，头部跟着书写摆动，在面前的纸上写下"八方向化，九土来王"八个汉字。[①] 从《清宫内务府造办处档案》得知，乾隆皇帝十分喜欢这个写字人钟。乾隆五十四年五月十八日，下旨要求内务府造办处如意馆的西洋钟表匠仿制写字人钟，而且要能书写汉满蒙藏四种字体。[②]

当代 AI 汉字书法机器人在 2002 年有会议研究论文发表。[③]

---

① 北京故宫博物院：《铜镀金写字人钟》，https：//www. youtube. com/watch? v=XLbaBBREPa8，2023 年 3 月 20 日。

② 中国第一历史档案馆、香港中文大学文物馆合编：《清宫内务府造办处档案总汇》第 51 册，人民出版社 2005 年版，第 510—511 页；王一樵：《流转的紫禁城：世界史视野下的明清宫廷文化》，时报文化出版 2020 年版，第 79—81 页。

③ 清水弘晢、井上晋、姚凤会：《书道ロボット开発に关する研究》（Research on calligraphy robot development），《バイオメディカル・ファジィ・システム学会大会讲演论文集》（福冈：バイオメディカル・ファジィ・システム学会，Biomedical Fuzzy Systems Association，2002 年版，第 65—68 页。

2012 年由日本庆应大学桂诚一郎（Seiichiro Katsura）教授的团队研发,[①] 称为动作复制系统（モーションコピーシステム，motion copy system）或书法机器人（书道ロボット），在日本尖端电子信息高科技综合展（Combined Exhibition of Advanced Technologies，CEATEC）上展出。[②] 研究团队利用传感器记录 89 岁书法家佐渡寿峰（Juho Sado）书写时的所有细节，包括手腕力度、毛笔倾斜、笔画顺序、线条粗细、笔锋压力，以便教导使用学习者。[③] 使用者像拿着笔一样随着机器手臂写字运动，感受书写的过程，机器手臂写出的便是佐渡寿峰的字体。

其后，很多学校和科技公司投入书法机器人的研究[④]，机器人会自行蘸墨汁，写不同字体的书法，还会落款和按盖钤印。目前已经生产商用的 AI 书法机器人，写春联、条幅、榜书都不成问题。用户可以直接订购或租赁，在年节市集、展览会、学校等场合进行演示。

二　虚拟书法生成器

比起书法机器人需要机械手臂、毛笔、压力传感器等硬

---

① https：//www. katsura. sd. keio. ac. jp/projects

② 《达人の笔遣い再现　庆大研究者らが书道ロボ》，《日本經濟新聞》2012 年 10 月 2 日。https：//www. nikkei. com/article/DGXNASDG02005_S2A001C1CR0000/，https：//www. youtube. com/watch？ v = G0ASmb3QFKE，https：//ppfocus. com/0/cuf53bfc9. html，https：//www. youtube. com/watch？ v = BzSMa6_ZcFU，https：//www. youtube. com/watch？ v=mPUcH5iQy2k，2023 年 5 月 5 日。

③ https：//ppfocus. com/0/cuf53bfc9. html，2023 年 5 月 5 日。

④ 例如徐扬生教授领导的团队：2015 年香港大学，https：//www. 163. com/fashion/article/B08MFA5700264MK3. html，2023 年 4 月 18 日；2017 年香港中文大学（深圳）https：//rail. cuhk. edu. cn/zh-hans/article/34；《香港中文大学（深圳）毛笔写字机器人亮相深圳科学文化展》，https：//www. sohu. com/a/194227596_720705；郭冬梅、闵华松：《书法机器人研究综述》，《控制与决策》2022 年第 7 期。

件，虚拟书法生成器对使用者更为便捷经济。就笔者管见所及，虚拟书法生成器大约有几种形式：

1. 京东×央美 AI 书法生成①

输入文字，选择想要表现书法线条的视觉抒情类型或名家书体，包括“狂喜、孤独、悲愤、崇敬、欣快、警觉、平静、王羲之、颜真卿”，我试着输入“人間有味是清歡”，选择“平静”，结果系统不能辨识繁体字，“間”和“歡”字都出现问号。我把文字改成简体，选择“欣快”，便可以全部显示。至于“平静”和“欣快”的字体线条差异和书法图像的表现力，则见仁见智。

2. 书法味②

分别在内容栏和落款栏输入文字，一键生成书法。可以选择字体或名家书体，图像形式包括手札、对联、条幅，接受繁体字。我同样输入“人间有味是清欢”，选择颜真卿书体，和京东×央美 AI 书法生成的颜真卿书体相比较，书法味的图像较为工整严谨，接近颜真卿书风。

3. 在线书法③

类似的字体转换器很多，不限于书法字体，也包括硬笔字、各种计算机字型、英文、韩文、日文等字体，适合做美术设计和排版，可以细部调整字体大小、背景和颜色等。文字为自左向右横书，书法意味较淡。

---

① https：//arts-academy. jd. com/

② http：//www. shufaway. com/

③ http：//www. piaofangw. com/sf/

4. 文心一格[1]，Midjourney

用 AI 绘图的概念和方式，给软件指令生成，不一定生成纯书法的形态和文字。可以配合 ChatGPT 生成提示语，但生成出类似书法的图像可能不是汉字，或是无意义的文字组合。

5. 腾讯“用 AI 写春联小程序”

结合文句生成和图像生成，可以自创藏头、嵌字。顶针对联，然后输出为春联格式，制造独特个性化的作品。

这些虚拟书法图像可以再转印在纸张、布料、杯子，制成新颖的文创产品；也可以结合绘画、动漫等其他媒材进行多次创作。或是通过 3D 打印，展现更丰富的视觉艺术。

第四节　书法结合 AI 的应用场景（二）：教育传播

中国大陆近二十年兴起全民书法热。韩国和中国的大学有书法专业和博士、硕士研究生。2022 年 9 月，“美术和书法”被归类为中国大学的一级学科，有望培养更多的书法人才。即使不从事广告设计和美术编辑，向下扎根和公共普及的书法教育仍然受到重视。因此，书法结合 AI 在教育传播方面颇具潜力，前述日本书法机器人，帮助使用者领会书法的笔画顺序、用力方式、运笔角度等等，便对书法教育和推广有所帮助。

以下介绍两款软件。

---

① https：//yige. baidu. com/search/%E4%B9%A6%E6%B3%95，2023 年 5 月 16 日。

一 以观书法 App[①]

移动互联网书法类 App 应用商店下载量最高。包括各体书法字型、名家字体、书法字典、硬笔、篆刻，适合认识名家书体、学习书法常识、集字和美术设计。

从最高下载量看来，“以观书法”对书法的传播已经具有基本的成效。程序设计标榜带有社交属性，企图联系书法同好，结成社群，立意颇佳，不过实际执行的情形似乎还离理想有一段距离。[②]

二 淡江大学智慧 e 笔

2001 年起，淡江大学中文系书法家张炳煌教授和工学院李宗翰教授的团队合作开发，至今有三个阶段：

1. 2005 年，“数字 e 笔”（e 笔书画系统）[③]

全球最先进，主要在 windows 中运行。“数字 e 笔”的网站说明应用情形：

> 书法教学时，采用 e 笔的数字动态，可使笔顺、笔法、字形及相关的数字教材，应用得更为生动，促进学习兴趣及进步。书写表现的功能特强，又具有回放笔迹及使碑帖墨宝重现书写笔迹的功能，在书法教学具有相当效

---

① https://web.ygsf.com/#/home?VNK=2a9c353f.

② 梁思成：《社交属性书法类 App 对书法创作的影响及反思——以“以观书法”页面设置为例》，《三角洲》2023 年第 3 期。

③ 《淡江大学教授张炳煌等开发 e 笔书法→e 笔系统》，《数字网络报》2006 年 4 月，http://hanreporter.blogspot.com/2006/04/e-e.html。

果。各种颜色的选用自如，e 笔在手，即能应用于各种绘画的表现。附含黑板简报的笔写注记，可与简报系统结合，使简报的表现更为出色。亦可应用于多媒体的教室，老师上课直接以数字 e 笔教学，投射于屏幕，加强学生注意力及教学质量，老师也得利用回放技术，让学生反复学习，也不需站立讲课或擦拭黑板。而讲课的动态笔迹也能置于教学平台。引入各级学校作为教学用工具，将可引领教学革新。透过完整书写过程的呈现，有助于教师于课堂中进行书法教学，能使同学了解每一笔画与步骤的运笔及重点。①

2. 2018 年，e 笔 App

"利用 iPad 与 Apple Pencil 书写，模拟出毛笔、圆珠笔、签字笔等各种字体，也可运用于习字、练字、书写等。"② 设置 Mep 动态笔迹，融入台北故宫博物院藏经典书法，用户可以观看作品的书写动态过程，灵活掌握作品的视觉效果。③ 并有 6000 个汉字的不同字体写法，④ 优化"数字 e 笔"的绘画功能。

3. 2023 年，智慧 e 笔

分 A、B 双轨进行。A 轨含括：整理颜真卿、欧阳询、柳

---

① https：//epenworld. finearts. tku. edu. tw/Front/FunctionandApplication/ApplicationLevel/Application/Page. aspx？ id = MRXwt7YbyKM = .

② https：//www. studioa. com. tw/pages/epenapp.

③ 此功能已经在 2013 年完成。https：//www. youtube. com/watch？ v = TvfT3EdTuWw.

④ https：//www. youtube. com/watch？ v = YVihCqr350k.

公权、褚遂良等名家字体，成为古帖范字，建构常用字字库。整建字帖未出现的字型。提供用户以自我需求完成作品范帖。B 轨包括：空中（空灵）书法挥毫系统。于右任标准草书检索系统。小学硬笔篇自动评量系统。个性化字型研究等。①

第五节　书法结合 AI 的应用场景（三）：研究展示及作品修护

对于书法研究者而言，书法文字的辨识和判读是基本功，但是也存在一定的门槛和理解的困难。有了大数据和 AI，一些软件和应用程序，例如前述的以观书法，已经可以通过拍照识字，协助辨识。再如"字鉴"，标榜"没有我不认识的字迹"，也助研究书法一臂之力。

辨识和判读之外，是风格的认定。书法数据库的图像处理和标注能够归纳书写者的运笔习惯、区分作品笔墨、定义艺术风格，协助鉴定。

吸引公众进入博物馆/美术馆亲近文物，或是在网上"云观展"，架设虚拟博物馆，也是值得 AI 发挥的空间。例如智能语音导览、机器人解说、多语言翻译，让公众利用 AR、VR 技术宛如身历其境，加强对文物的感受。②

---

① 陈振祥：《数字书法系统之研究与实作》，硕士学位论文，淡江大学，2008 年；丝凯郁：《融古创新：数位 e 笔融入识字与写字教学》，博士学位论文，淡江大学，2020 年。

② 《AR 导览：关键利器 | 强效助推游客经济迸发增长》，https：//www. kivicube. com/blog/news/15970/，2024 年 4 月 12 日。

有了 AI 相助，个人也可以举行线上虚拟展览，例如 Artsteps[1] 等平台，设置 3D 虚拟展厅，展示自己利用 AIGC 工具生成的图像和影音文本，布置专属的主题展览。展品的文案文字和语音解说都可以经由 AI 制作，自己既是策展人，又是艺术家，不受空间限制，让全世界同好齐来观赏。有的平台还可以开设讨论室，大家在讨论室尽情交流，增进 AIGC 艺术的开拓发展。

实体的书画作品修护方面，大模型归纳出的艺术风格、创作习惯、使用材质，可以作为基本信息。例如 2022 年百度文心一格续画陆小曼未尽画稿《夏日山居图》，并为之着色和生成题画文字。[2] 此前画家乐震文接受委托，也为这幅画稿续作。乐震文认为陆小曼画风近于贺天健，因而揣摩笔法，完成全画。[3] 两件作品以《未完》《待续》为题，在上海拍卖，创下史上第一个 AI 山水画的成交纪录，金额 110 万元人民币。[4]

再如古书画年代久远，画绢或纸张氧化变色，难以辨识细部，展览现场的欣赏体验也受影响。浙江大学团队便尝试用 AI 复原董源《龙宿郊民图》的可能色泽样貌，助于研究，也可以促进观众对于作品的理解。[5]

---

① https：//www. artsteps. com/.

② https：//www. shanghai. gov. cn/nw4411/20221117/79299b2c9d5e4ad093d87b9adf59dd8a. html，2024 年 4 月 12 日。

③ https：//m. thepaper. cn/wifiKey_detail. jsp？ contid = 20761256#，2024 年 4 月 12 日。

④ https：//finance. sina. com. cn/stock/enterprise/hk/2022-12-09/doc-imxwaett3297275. shtml，2024 年 4 月 12 日。

⑤ https：//tidenews. com. cn/news. html？ id = 2537379&from_channel = 5d8b4d25cf8dfd0001a4143c&top_id = 2537398，2024 年 4 月 12 日。

第六节　人机交互书法治疗

即使书法不是当代日常书写工具，仍不妨从心理治疗的层面开发书法的实际用途。唐代书法家虞世南（558—638）体会书写时的精神状态和字迹的关系："欲书之时，当收视反听，绝虑凝神。心正气和，则契于妙；心神不正，书则欹斜；志气不和，字则颠仆。"① 高雄师范大学蔡明富教授援引书法作为心理治疗的媒介，包括：（1）自我治疗；（2）自我调节；（3）心神调节；（4）呼吸、身体、心理的有机结合；（5）身心同写整体观。②

香港大学高尚仁教授多年研究书法心理治疗，有丰富的实证经验和成果，著有专论，③ 并研发经由生物反馈疗法（Biofeedback therapy）的原理制造书法治疗的仪器——"生物反馈书法治疗仪器"取得专利。④ 专利说明如下：

> 本发明涉及一种书写毛笔或工具，具有一个或多个嵌入在或连接到书写毛笔或工具杆上的生物探测器，生物探测器记录用户在书写或绘画时的感觉、知觉、感情、识别和生理状态有关的生物学活动。来自探测器的传感信号可以提供用户的书写动作正在进行时的信息且通过影响在传

① （唐）虞世南：《笔髓论·契妙》，上海书画出版社、华东师范大学古籍整理研究室选编/校点：《历代书法论文选》，上海书画出版社 1979 年版，第 209 页。

② 蔡明富：《书法在心理治疗上的应用》，《特殊教育季刊》1995 年，总第 56 期。

③ 高尚仁：《书法心理治疗》，香港大学出版社 2000 年版。

④ 高尚仁：《书法保健与书法治疗》，《应用心理研究》2010 年，总第 46 期。

感信号中的变化而使使用者控制和调整书写全过程的身体状态，本发明具有改善使用者的总体健康和为体力上或精神上紊乱的使用者提供治疗。①

综合学者研究书法治疗的功效，主要针对情绪调节，治疗对象有：多动症、儿童弱智、老年痴呆症、抑郁症②、孤独症③、精神分裂症④、戒除毒瘾⑤、儿童心理创伤等等。⑥ 如果将书法治疗结合 AI，可能达到哪些成效呢？以下是我数次询问 ChatGPT，剔除重复及偏颇得到的回答：

1. 情感分析：人工智能可以分析书法作品中的情感和情绪，从而更好地理解患者的内心状态，帮助心理治疗师制定更适合的治疗方案。

2. 可视化：人工智能可以通过数据分析和可视化技术，将

---

① 《用于保健和治疗的毛笔书写工具》，https://patents.google.com/patent/CN100448696C/zh

② 郑刚、王鹏、刘学兵：《书法治疗对抑郁症的作用》，《中国民康医学》2008 年第 5 期。

③ 杨赛男：《艺术治疗视域下软笔书法训练对自闭症谱系障碍儿童课堂问题行为干预的研究》，硕士学位论文，西南大学，2020 年。

④ 孙波：《汉字书法治疗理论探究及应用研究：以辅助治疗精神分裂症患者为例》，硕士学位论文，广东技术师范大学，2019 年；黄志军、刘世中、廖国俊、廖波、李江：《书法及绘画治疗在慢性精神分裂症患者康复中的应用与研究》，《当代医学》2020 年第 17 期。

⑤ 乌海市强制隔离戒毒所课题组：《以书法为主的表达性艺术治疗在戒毒矫治中的应用项目报告》，《中国监狱学刊》2021 年第 4 期。

⑥ 宗焱、祝卓宏、王晓刚、郭建友、唐山、陈丽云、高尚仁：《书法心理治疗对震后儿童创伤应激反应的心理干预研究》，《中国社会医学杂志》2011 年第 1 期。朱观宇：《汉字书法治疗于精神医疗之系统性回顾》，硕士学位论文，华梵大学，2019 年。又，关于多动症、儿童弱智、老年痴呆症、抑郁症、孤独症、精神分裂症等的情绪调节皆已经见于前引高尚仁编著《书法心理治疗》一书中。

书法作品转换为可视化的数据，从而更好地理解患者的内心状态，发现和分析潜在的问题。

3. 自动反馈：人工智能还可以提供自动反馈，指导患者写字时的姿势、速度和笔画，从而帮助他们获得更好的书法技巧和更好的写字体验，进而增强心理治疗的效果。

4. 智能辅助：人工智能可以提供智能辅助，帮助患者更好地理解书法理论和技巧，并提供个性化的书法教学和指导，从而更好地实现心理治疗的目标。

5. 情境设置：人工智能可以创建虚拟的书法练习环境，让患者在虚拟的情境下进行书法练习，从而帮助患者更好地处理和应对不同的情境和情况。

6. 动态反馈：人工智能可以提供动态反馈，实时指导患者写字时的笔画和速度，从而帮助患者更好地掌握书法技巧和练习方法。

7. 可视化进展：人工智能可以通过可视化技术，将患者的书法作品进行比较和分析，从而帮助患者更好地了解自己恢复的程度和最终的目标，增强自信心和积极性。

8. 个性化治疗：人工智能可以通过分析患者的书法作品和个人信息，提供个性化的心理治疗方案，从而帮助患者更好地适应和处理心理压力和挑战。

总之，书法心理治疗与人工智能的结合，不仅可以提供更好的分析、可视化、自动反馈和智能辅助功能，还可以创造更多的情境设置、动态反馈和可视化进展方式，从而实现更个性化的心理治疗方案，帮助患者纾解压力，更好地理解和管理自己的情感和情绪，实现自我成长和发展。

我还想到，像“生物反馈书法治疗仪器”一样人机交互

（Human-computer interaction）取得辅助和治疗的概念也可以采取眼动追踪（eye movement monitoring）技术结合 AI 与书法。眼动是指人眼在阅读、观看等活动中所表现出的眼球运动。利用仪器追踪眼球移动的规律，可以得知受试者接收视觉讯息的过程和关注点，现在已经应用在教育、多媒体、广告、VR 等方面。[①]

眼动追踪技术结合 AI 与书法，对一般书法学习和创作者而言，可以分析眼动数据，明了视觉感知和注意力分配的情形，梳理个别差异，以掌握眼手协调，提高书写的效能。还能够配合书法治疗，希望缓解阅读障碍和精神不集中的困难。

前述三个 AI 结合书法的应用场景显示较传统书写更多的发展趋势，例如：设计师可获得灵感和启发，将生成图像用于广告文案、品牌设计、印刷编辑等，甚至自创模板，设计风格鲜明的崭新字体，打造独特的视觉印象。

AI 协助书法教育和传播，通过机器学习和深度学习等技术来实现自动化的书法教学和评估，学生能更快地掌握运笔原则和书写技巧。软件和应用程序便于查询、分享书法知识和乐趣，组建同好社群，传衍个性和发挥创意。

再如 AI 图像识别可优化研究者对字迹的判读，进行作品分类、分析和鉴定。通过计算机视觉和自然语言处理等技术，实现书法文化遗产的数字化保护和修复。

展望 AIGC 书法，我想，用 AIGC 文图学可以更全面深入地解读生成图像的内涵，比较人手、机械手、程序生成的文本

---

① 陈学志、赖惠德、邱发忠：《眼球追踪技术在学习与教育上的应用》，《教育科学研究期刊》2010 年第 4 期。

异同，探索人类和 AI 合作的多元可能与境界。此外，延续心理学家书法治疗的成效，加上 AI，达到人机互动，为调节情绪、减轻压力和缓解阅读障碍寻求科技的支持。

如果制成 NFT 和进军元宇宙是 AI 引导人类前往的极致，我们正一天天朝向那里走去，不带一纸一笔，挥手即是。[1]

延伸活动·思考练习

以同样的提示词用两个或三个 AIGC 图像生成工具输出图像，比较和分析图像内容品质。

① 《AIGC 产业研究报告 2023·图像生成篇》，https：//www.analysys.cn/article/detail/20021022，2024 年 1 月 22 日。

第七章　AIGC 的影音文本

第一节　AIGC 声音文本生成途径

1956 年[①]（一说 1957 年），列哈伦·希勒（Lejaren Hiller, 1924–1994）和莱纳德·萨克森（Leonard Isaacson, 1925–2018）用伊利诺伊州立大学的电脑 ILLIAC I 制作了弦乐四重奏《伊利亚克组曲》（Illiac Suite）。这是电子计算机编程生成的第一部音乐作品[②]，对后来的随机音乐创作产生了深远的影响。

最早的由电脑生成的人声可以追溯到 1958 年。那时，贝尔实验室的研究员马克斯·马修斯（Max Mathews）开发了一款名为 MUSIC 的程序。这个程序是第一个能够让电脑产生音乐和人声的软件。MUSIC 运行在 IBM 704 这款大型主机上，而这台电脑的体积相当大，几乎占据了整个房间。

MUSIC 软件标志着数字音频和合成语音的开端。马修斯的这项工作不仅开启了计算机音乐的新纪元，也为后来的语音合

---

① https://distributedmuseum.illinois.edu/exhibit/illiac-suite/，2023 年 10 月 25 日。

② https://youtu.be/n0njBFLQSk8?si=XmfcryyQ6JqMvVUW，2024 年 1 月 26 日。

成和识别技术奠定了基础。1961 年，IBM 704 计算机将一首在 1892 年由英国作曲家哈里·达克雷（Harry Dacre）创作的歌曲“Daizy Bell”（也被称为“Daisy Bel”，Bicycle Built for Two），进行语音合成，标志着计算机技术在处理和生成人类语音方面的重要进展。后来，在 1968 年的电影《2001：太空漫游》（*2001：A Space Odyssey*）中，这首歌再次成为焦点。在电影中，人工智能 HAL9000 因为欺骗人类而被强行关闭时唱了这首歌，想象预示人类与人工智能合作及竞争的结果。

随着人工智能的开发成熟，2017 年美国歌手泰伦·萨瑟恩（Taryn Southern）发行专辑《我是 AI》（I AM AI），其中一首“Break Free”由她作词并谱写主旋律，人工智能 AmperAI 编曲。[①]

如今，AIGC 生成声音文本的途径和工具更多，包括：

1. 文字转/生成语音

由文字生成声音有两种情形，一是直接转成语音（Text-to-Speech），也就是文字输入，声音输出，Google Text-to-Speech、Amazon Polly、IBM Watson Text to Speech、Microsoft Azure Text to Speech、Balabolka 等，这些工具可以搭配翻译，输出成与输入文字相应的他种语言。

除了转译，ChatGPT，Bing 等还可以对话，生成新的内容。

2. 语音转/生成语音和变声

和 ChatGPT，Bing 可以文字对话，也可以语音对话。Nuance Dragon 是语音识别和语音合成工具，大多应用于医疗和法

① https：//www.youtube.com/watch？v=XUs6CznN8pw，2021 年 10 月 10 日。

律、商业。Voice. ai[1]，vall-e[2] 可以让使用者选择转换声音。

3. 文字生成音乐/歌曲唱出

用 AI 生成音乐演奏和生成歌词，唱出歌曲的工具十分受欢迎，例如：Jukebox、Magenta、AIVA（Artificial Intelligence Virtual Artist）。这些工具有的能模仿特定艺术家的风格、创作带有古典曲风的音乐，创作出新的旋律及和声。Descript 的 Overdub 功能，可以根据文本合成逼真的人声，包括唱歌。

4. 旋律（哼音）生成音乐

如果你不熟悉作曲家的风格，也不懂乐理，只要随便哼出旋律，就可以生成音乐，例如 Humtap，Sony 的 Flow Machines，Google 的 AI Duet，用户只需哼唱，它就能创作出完整的歌曲。有了这些应用，任何人都可以给自己心爱的人献上一首歌。

5. 图像转换为声音/音乐/歌曲

Photosounder、SonicPhoto、Pixelsynth 用户导入图像，软件会根据图像的像素变化来创建声音。Melobytes，从上传的图像的特定属性（如颜色、形状、布局等）自动创作音乐。此外还有 Google 的 Magenta Project，MusicFX 使用机器学习创造音乐。Envision AI 可以用手机的摄像头扫描文字转成语音输出，也可以环顾周围，以语音告诉盲人附近的情况。

6. 屏幕按键作曲

例如 Deep Music 的 Lazy Composer，用户点击屏幕的钢琴键生成简单的旋律，便可以自动生成音乐。

---

① https：//voice. ai/.

② https：//vall-e. pro/.

第二节　AIGC 文图学歌曲

AIGC 生成的声音文本用途很多，包括智能客服、语音导航、同声传译、音乐制作等等。我玩过的有哼音的 HumOn，图像生成音乐的 Unspoken Symphony①，以及用文字指令生成旋律的 stable audio② 和唱出歌曲的 Suno。就像本书序文说的，欣赏音乐比看懂乐谱还重要，不像用 AIGC 工具生成图像和文字，我会一再补充或修改提示词，让 AI 重复生成趋近我想要的文本，我用 AIGC 工具生成音乐，娱乐性比较大，不会修改参数和调整内容，纯粹随意生成。

2020 年我用手机操作 HumOn，知道已经有结合音乐大数据的搜寻应用程序，可以哼音寻歌曲，这种发明很适合在卡拉 OK 唱歌的时候帮助选歌。HumOn 是用来生成音乐，我随性哼出旋律，选择音乐风格和类型，或是模仿某一位音乐家的曲调，便会生成大约 30 秒的音乐。这些音乐不一定都悦耳，可能我哼的旋律不佳，选的类型不搭配，生成的声音怪异难听。有的则差强人意，我下载以后便罢了，没有继续想听的心情。

2023 年 11 月 20 日，我创办的文图学会主办“看见未来：文图学新声分享会”，有文图学会的成员和台湾省东吴大学师生做学术报告，以及发表用文图学教汉语的工作经验，并邀请埃及书法家索非亚·埃尔库里（Sofia Elkhouly）博士线上展示自己的书法作品。她因看韩剧《风之画员》而迷上韩语，不但

---

① https：//www. unspokensymphony. com/make-a-melody，2024 年 1 月 24 日。
② https：//stableaudio. com/generate.

努力学习，还赴韩国留学，取得博士学位，她将阿拉伯文结合韩文，创造线条流畅、图像优美、意义深刻的书法，自如使用铜管笔和毛笔，令人惊艳。

为了给分享会一点陪衬，我用 Suno 生成了 7 首歌曲，提示词都是 Text and Image Studies，受限于我使用的是免费版本，而且希望体验 AIGC 声音文本的随机性，我没有调整生成的内容。生成的歌曲包括音乐旋律、歌词和演唱，有的相对完整；有的则停止得很突兀，好像没有唱完就断掉了。这里展示其中长 53 秒的一首，我选的风格是“pop catchy upbeat”（流行欢快朗朗上口）：

> [Verse]
> Scrollin' through my phone, caught up in the zone
> Text and image studies, got my mind blown (blown)
> Three minutes of pure fascination
> Unlocking the secrets of communication
> Learning' bout the messages we send [Chorus]
> Text and image studies, oh so fine (so fine)
> Bringing meaning to every sign (every sign)
> Exploring the world in digital space
> Three minutes of knowledge, a thrilling chase
> Text and image studies, I'm in love (ooh yeah)
> [诗句]
> 滑动浏览我的手机，陷入困境
> 文图学，让我大吃一惊（大吃一惊）

三分钟的纯粹魅力
解锁沟通的秘密
了解我们发送的讯息
[副歌]
文图学，哦，如此美妙（如此美妙）
为每个符号赋予意义（每个符号）
探索数字空间的世界
三分钟知识，一场激动人心的追逐
文图学，我爱上了（哦耶）①

歌词押韵，先设定迷茫无聊困顿的状态，然后被文图学吸引，惊艳不已。歌词掌握了文图学强调解码符号，沟通信息的特点，可以说是相当完整地展现了文图学的魅力。曲调轻松，节奏明快的男声，有 1980 年代的韵味。分享会闭幕时，我才公布活动中穿插的几首关于文图学的歌曲都是 AI 生成，引发大家的好奇，娱乐效果十足。

此后，我尝试了之前让微软小冰生成诗的文图学主题文字云给 Unspoken Symphony 生成音乐。由于文图学主题文字云比较抽象，我也没有再微调，音乐差强人意。②

相信对于有较深的音乐功底的使用者，AIGC 会提供基本的素材，就如同绘画师拿 AIGC 当草图一样。不过，我也听专业的画家、音乐家表示，不能直接用 AIGC 文本，反复训练调

---

① https：//youtube. com/shorts/YmXlnRTn0kg？si = Uk8mrCBzqLsEq3aZ 【Text and Image Studies song 文图学之歌】https：//www. bilibili. com/video/BV1NM4m1D7Ai/？share_source = copy_web&vd_source = bc3952af6cd5bd672e78c76478e8239f.

② https：//youtu. be/rFDp34Lkdfo，2024 年 1 月 27 日。

整太费劲，还不如自己创作，AIGC 只能拿来玩玩。作为一个常年的写作者，我也有同感，AIGC 生成文字有明显的套路，所谓“五段式”的结构：开头，中间三段论述，最后结论，适合中学生练习写议论文，和我指导大学生写毕业论文的结构类似。

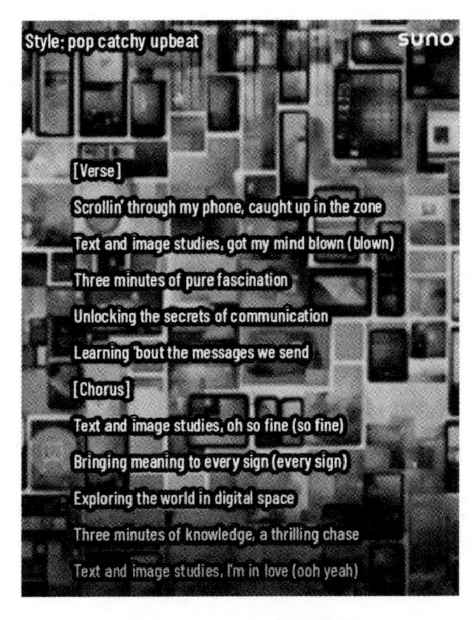

图 7-1 Suno 生成歌曲

图 7-2 文图学之歌

第三节 AIGC 影像文本生成途径

如同前述谈过 AIGC 的多模态特性，AIGC 生成视频也是可以从不同媒体形态转换，就在本书撰写期间，OpenAI 于 2024 年 2 月 16 日发布了能够生成动画和电影一般效果的 Sora，不但画面流畅，画质清晰，动感十足，而且长达 60 秒，超出其他 AIGC 视频生成工具。[①] Sora 目前（2024 年 3 月 18 日）还没有开放使用，以下介绍的工具为我查询和询问 Bing（2024 年 3 月 19 日）修改整理[②]的大致结果，有些工具的功能多样，这里只举其一隅，读者不妨亲手试试。

1. 文字生成视频（包括 MV 和动画）

一段文字或语音指令自动生成视频，包括有 InVideo[③]，Synthesia[④]，Elai. io [⑤]，Opus[⑥]，Pictory[⑦]，腾讯智影[⑧]，Deep Brain AI[⑨]，Runway Gen-2[⑩]，Stable Video[⑪]，Stable Video Diffusion[⑫]，Pika Labs[⑬]，Toonly[⑭]，Plazmapunk[⑮] 等。其中 Toonly 能生成动画；腾讯智影是腾讯推出的在线智能视频创作工具，拥有 AI 数字人、AI 文本配音、AI 文章转视频等功能。只需输入一句话的文本内容，它就会自动生成一段完整的视频脚本，确认无误后再根据视频脚本生成一段完整的视频。

---

① https：//openai. com/sora.
② 有些 Bing 提示的工具其实并不存在。
③ https：//invideo. io/ai/.
④ https：//www. synthesia. io/.
⑤ https：//elai. io/.
⑥ https：//opus. ai/.
⑦ https：//pictory. ai/.
⑧ https：//zenvideo. qq. com/.
⑨ https：//www. deepbrain. io/.
⑩ https：//research. runwayml. com/gen2.
⑪ https：//www. stablevideo. com/.
⑫ https：//stability. ai/.
⑬ https：//www. pika. art/.
⑭ https：//www. voomly. com/toonly.
⑮ https：//www. plazmapunk. com/.

2. 图像生成视频

很多文字生成视频的工具也支持图像生成视频，再如：Runway[1]，Online Video Editor & Converter[2]，D-ID[3]，Vidnoz AI[4]，Kaiber[5]，右糖[6]，Animated Drawings[7]，Genmo[8]是一个综合性的 AI 工具，支持 AI 对话、文生图、文生视频和文生 3D 对象。它可以将图像生成为最长 6 秒，最低分辨率 1080P 的视频。

3. AI 视频剪辑

很多 AI 生成视频的工具都支持剪辑，这里举比较常见的例子。CapCut/剪映[9]，剪辑魔法师，Pika Labs[10]，Designs. ai[11]。

4. 3D 工具

这些工具可以将 2D 图像转为 3D 动图，或 3D 模型，特效包括 3D 圆圈、3D 放大、3D 摇动、3D 滑动变焦等等。LeiaPix Converter[12]，InstaVerse[13]，PNG3D[14]，Spline[15]，Masterpiece Studio[16]，

---

① https：//runwayml. com/.
② https：//www. video2edit. com/.
③ https：//www. d-id. com/.
④ https：//www. vidnoz. com/ai-solutions/ai-image-to-sound. html.
⑤ https：//kaiber. ai/.
⑥ https：//lightmv. cn/.
⑦ https：//sketch. metademolab. com.
⑧ https：//www. genmo. ai/.
⑨ https：//www. capcut. com.
⑩ https：//www. pika. art/.
⑪ https：//designs. ai/.
⑫ https：//convert. leiapix. com.
⑬ https：//theinstaverse. com/.
⑭ https：//png3d. com/.
⑮ https：//spline. design/.
⑯ https：//masterpiecestudio. com/.

Meshcapade[①]，Luma AI[②]，Coohom-Ai 3D design[③]。

5. AI 生成数字人（avatar）

HeyGen[④]，Genies[⑤]，KreadoAI[⑥] 等，可以定制，用于游戏和视频。

第四节　我的视频

Sora 目前还没有开放使用，网络上已经有关于 Sora 的收费课程的广告，以及分析 Sora 生成视频提示词的研究。很多网红或是博主喜欢打着轻松赚钱的名号来吸引观众，这些内容绝大多数是用视频的形态发送，ChatGPT 一发布，立即有各种炒作的视频排山倒海，可能我关注的网络视频主要是中文和英文的节目，我发现英文节目不像中文节目那么拥抱 AIGC，欢欣鼓舞迎接人类文明的新纪元；或是忧心忡忡制造人类多少多少工作将被 AI 取代，自己的饭碗要砸了的焦虑。

我不是专业的视频博主，制作视频的动机是教学和打假。

2020 年年初暴发的新冠疫情促使我们不得不改变过去的教学方式，因应不同地区和单位的使用规定，我学会了用 Zoom，Microsoft Teems，Google Meet，Skype，Cisco Webex，腾讯会议，亿联会议等等平台软件进行直播上课和演讲。为了照顾未能同

① https：//meshcapade. com/.
② https：//lumalabs. ai/.
③ https：//www. coohom. com/.
④ https：//app. heygen. com/.
⑤ https：//genies. com/.
⑥ https：//www. kreadoai. com/.

时上课的同学，我把直播录制的内容剪辑成视频；为了配合无法同步直播的情形，我用 Loom、PowerPoint 预录讲授内容，这些视频上传到我的 YouTube 和 Bilibili 频道。

现学现用，得到同学们的好评，至少我是很肯学习，多番尝试，希望不耽误课程的老师。后来学生还会像期待博主准时更新一样“催更”，我越做越起劲，虽然准备的 PPT 已经有文字，边想边录，有时不免有超出 PPT 的内容，不像在教室可以临时板书补充，有的同学问：可不可以加字幕？

加字幕？我不会呢！

2020 年 4 月，我的书《陪你去看苏东坡》在台北出版，意外地突然非常畅销，重印，再印……出版社的编辑忙着联系印刷厂加紧赶印。有读者在 YouTube 上搜索到“陪你去看苏东坡”的视频，问我是否我做的？内容相当粗糙。

我问出版社，得知出版社没有制作这样的视频，于是，就像我开始为了“打假”设置自己的 Facebook 账号，这个伪视频让我做起了真节目，在 YouTube 开频道，连 Podcast 播客“有此衣说”也开播了①。2020 年 4 月 7 日到 6 月 1 日，为遏制新冠疫情，新加坡政府实施阻断措施（Circuit Breaker），民众非必要不得上街。我也从 4 月 12 日到 6 月 28 日，77 天闭关在家，除了打开房门收取网购的食材和生活用品，不曾出门下楼。77 天我完成了《倍万自爱：学着苏东坡爱自己，享受快意人生》② 这本将苏东坡的人生经历作为当代人参考的新书。

---

① 衣若芬：《一个“伪视频”让我做起了真节目》，新加坡《联合早报》2020 年 7 月 4 日。

② 衣若芬：《倍万自爱：学着苏东坡爱自己，享受快意人生》，有鹿文化 2021 年版；《自爱自在：苏东坡的生活哲学》，天地出版社 2023 年版。

疫情中断了我以往夏天旅行的计划，2020 年 7 月，我架设个人的网站①，将我的文章、音频、视频全部集合在一起。学习网站和影音制作占去我许多本来百无聊赖的时间，让我暂时忘却对疫情的担忧和无法返乡探亲的消沉，同时也算是圆了自己从前想在媒体工作的愿望。“自媒体”的“自”，对我除了是自己经营，还有自由，想做就做，没有负担。

和学生一样，视频的观众要求我加字幕。我学了 PyCharm Community Edition，是一种 AI 语音辨识转成文字的软件，可以选择不同语种，我选了繁体中文，但是输出还是简体中文。比起一个个手动输入文字便利得多，尽管错误还是不少，我也从辨识错误中得知自己语速不稳、一些字词大陆和台湾发音不同的现象。

后来有学生介绍我用剪映，辨识中文效率更高，制作字幕节省了一些时间。再听说剪映有“图文成片”的功能，就是为文案自动配图，选择音频音色类型，自动转为语音，最后导出成视频。我拿我的专栏文章《一期一会兰千山馆》② 来做实验，在 2023 年 1 月 12 日上传我的 YouTube 和 Bilibili 频道。③

台湾富商板桥林本源家族后人林柏寿（1895—1986）先生收藏唐朝褚遂良的《黄绢本兰亭》，以及怀素的《小草千字文》，取这两件作品的名字“兰”和“千”，加上自己住在“草山”（即台北阳明山），合为斋号“兰千山馆”。1969 年，林柏寿将 90 件书法、133 件绘画、109 件古砚交予台北故宫博

① Lofen. net.

② 衣若芬：《一期一会兰千山馆》，新加坡《联合早报》2022 年 12 月 31 日。

③ https：//youtu. be/1K7d0i_FPQI.

物院寄存。2022 年 10 月 31 日合约期满，台北故宫博物院准备归还藏家，引起舆论沸腾，担心文物流向市场，将来很难再公开观览。

我写了关于私人藏家寄存文物的思考和浅见，将文章导入剪映，选了“台湾女生”的音色，让剪映自动转语音、配背景音乐和图片。过程中有两次显示图片缺失，可能没有找到合适的画面。输出的视频普普通通，主要让我见识 AI 如何从我的文章找到相应的图像材料，我注意到，只要文字描述的物象、地点、场景明确，AI 便能搜寻合适的图像，比如我的文章讲到“故宫博物院”“云南米线”“东京”“本草纲目”“穿黄色制服的服务员”，AI 都能逐一搭配。叙述性和抽象的文字，比如“寄存、寄赠、捐赠、出售”。“在这个后真相的时代，巨大的音量，核心恐怕是虚空”，AI 大概不明所以，图像也就含糊带过。

剪映可以“图文成片”，不过我考虑图像和背景音乐的版权问题，玩过就算了。接触 ChatGPT，让 ChatGPT 写文案，导入剪映，再图文成片一键生成，真的神速！

我的提示词是：用《陪你去看苏东坡》主题写个人旁白。

ChatGPT“文思泉涌”所言大致不差，唯独“走到西湖畔，我仿佛与苏东坡一同目睹了《赤壁赋》的壮阔画面”这句“露馅儿”了！西湖风景并不壮阔，何况《赤壁赋》写的是湖北黄州，可不是杭州西湖呢。

于是我知道，AIGC 的技术逐渐成熟，即使数十秒间“一键成片”，内容的准确性、真实性还是不可轻忽，轻则贻笑大方；重则误人子弟，我从学生作业看到苏东坡是“萝莉控”

"偷吃雏妓王朝云"的荒谬言论，在 AIGC 铺天盖地而来的当下，粉丝和流量远远高于如我一般普通的老师，号召力和影响力遥遥领先，"垃圾出、垃圾入"的危害，就像老话"尽信书不如无书"，"尽信 AIGC 不如无 AIGC"。

《陪你去看苏东坡》很荣幸获选为《联合早报》年度十大好书，2023 年出版的《星洲创意：文本、传媒、图像新加坡》是我第四本获选为年度好书的作品。本书第五章提到 ChatGPT 替当时还未上市的《星洲创意》写介绍文案，我将文案导入剪映，图文成片[①]。这次我实验的是语言翻译转换，我用 Dubbing[②]，输入中文，导出英语，转换过程中可以选择语音性别和英语口音，尝试的结果觉得不够自然，声音太"塑胶味"，有很重的"机器感"。

我的这些经验或许微不足道，实验的数量、工具类型也不多，不能代表最新的开发实况。本书志在分享和分析，读者很容易从亲手操作发现作者的粗浅，超越作者的眼界，读者的进步即作者喜闻乐见，也是 AIGC 贡献人类的印证[③]。

延伸活动 · 思考练习

使用 AIGC 生成文本、图像和影音工具制作故事短视频。

---

① https：//youtu. be/SVLJwsfRvH4.

② https：//elevenlabs. io/app/dubbing，2024 年 1 月 30 日。

③ 参考 AIGC 产业研究报告 2023—音频生成篇，https：//zhuanlan. zhihu. com/p/627883225；参考 AIGC 产业研究报告 2023—音频生成篇，https：//www. analysys. cn/article/detail/20021023，2024 年 1 月 15 日。

第八章　AIGC 在教育和学术研究

第一节　科技如何改变我的教学和研究

我从 1990 年开始教大学，同时在台湾大学修博士课程。在那前一年，我买了 Intel 486 的 IBM 个人电脑，自学输入法写硕士论文《郑板桥题画文学研究》，可以任意修改和调整文句段落，不必在稿纸上涂修正液，剪贴、誊抄，是我购置电脑的一大动因。我给报章杂志的文学创作也无须再影印备份，简化保存的步骤，这个神奇的发明令我痴迷，虽然我除了做平凡的文字处理，偶尔玩一玩单机的游戏，对电脑一无所知。我在台湾大学和淡江大学教大学一年级必修的语文课是少数期末考卷没有用手写出题的老师。此外，好像也没什么特别的，个人电脑就是打字机而已。

1991 年，万维网（WWW）诞生，我们可以经由 Modem（调制解调器）通过电话线连接到互联网，通过网络浏览器看到自己电脑以外的世界。1995 年 IBM 的 Windows 95 操作系统标志着个人电脑和互联网集成的一个重要转折点。内置的互联网支持软件 Internet Explorer 消除了复杂的设置和使用第三方软件的繁琐。我的博士论文《苏轼题画文学研究》在曾永义和石守谦两位教授的指导之下顺利完成，1996 年我离开任职一年的辅仁大学，8 月进入“中央”研究院工作，Hotmail 问世，我也有了个人和公务的电子邮箱。之后宽带普及，上网更为快速便捷。1998 年 Google 成立，过去“点对点”，也就是从 Yahoo 目录查找资料的方式，变成用 Google 搜索浏览，这不但改变了我们获取信息的方式，也改变了我们的思维和价值判断。

成为学术单位的研究人员，我写作博士论文期间编列整理的卡片随着资料的电子化而显得微不足道。我请助理将我翻阅的 25 册《全宋诗》按照我的分类输入 Excel 档，想自己建立一个宋代题画诗的资料库。扫描作品再经过 OCR 辨识，转存成可以检索的文字档。我注意到图像转成文字的辨识效果很不稳定，人力和时间成本非常庞大，于是只好放弃。

个人设置电子数据库的过程中，我想到除非数据库可以公开分享，否则只有我使用很可惜。然而当时“题画文学”的概念不被广泛认识，连研究所的咨询委员考核我的时候都劝我做传统的文学研究。何况，我的研究还需要大量的图像为文献依据，我扫描过一些图录画册关于“西园雅集”的绘画之后，也不得不打消了原本的雄心。

这就像早期 Yahoo 人工编写目录一样，从目录固然可以查询，毕竟不如 Google 的搜索算法和交织的网络迅捷。学术资源的数据库需要团队合作，以及电脑逻辑清晰的模型架构。我发现，学术界因着电脑搜索的驱动，越来越合适做主题式的研究，也就是以关键词为路径取得资料，排比分析资料来推衍出结论。

研究的题材从何而来？以往我们读书，于不疑处有疑，先考虑和确定疑点，然后动手动脚找资料，接着考察、勘定、分殊、析论，一点一滴累积，终而动笔。

有了 Google Scholar 和一些论文资料库提供搜索学术文献，Google Books 和超星等开放的书籍资源，学术研究的进行不一定非得阅读全书，而是以小见大，以偏/侧概全，直接查询某一个主题，有了宏观的印象，然后"捡漏补缺""辩证纠谬"。前人写文献整理、研究综述等就能当一篇论文，后来文献整理、研究综述只是基本功，是论文的背景和基础。除非版本学、文献学和大部头古籍整理研究，很难令人信服只凭着找资料就算是学术研究。

学术研究的定位和方向改变，研究的价值也趋于由搜索引擎算法和在网络的"存在感"评判。习惯万事问 Google，Google 查不到便认为不存在，这种偏颇的现象不仅常见于青年学者，学界老手也可能失误。

有一次我在学术研讨会发表关于清代文人为纪念苏东坡生日的"寿苏会"论文，一位倡导以科技方法从事"E 考据"的资深教授说：没有"寿苏会"这个词，问我是不是我创的？我说：不是我创的。

他打开笔记本电脑，查了据说有上亿字的数据库，没有这个词。

我说：在清代没有固定的名称，这是 20 世纪日本文人比如长尾雨山他们举行活动定的。

寿苏会的纪念集子流传不广，而且在太平洋战争以后中断，网络和数据库上没有并不表示没有发生过。

后来文章投稿刊物，审查人也对“寿苏会”提出质疑。文章刊载了，网络上查得到“寿苏会”，这个名词有了“认证”。近年来，寿苏会在大陆有复兴之势，真不可同日而语。

连带地，热搜的关键词频率和引用次数也影响了对研究成果的认可。量化计算考核使得学术研究和商业一样，产品销售成绩好，就被认为是好产品；论文被引用得多，就被认为是重要的文章。殊不知就像在 Google 的网页优先顺序出现未必代表优秀等级，点击数多也未必代表杰出。然而这一套评鉴模式已经形成，继续遵循旧日按部就班读书、做笔记、查资料、写论文的学者接受科技和时代的考验，不免也担心被淘汰。

在教学现场同样接受科技和时代的考验，而且更直接。初任教职时，还享受得到知识落差、信息不对等的“红利”。1990 年台湾刚解严不久，我如饥似渴地大量阅读大陆的文学作品，从鲁迅到钟阿城。那年夏天我初次赴大陆旅行，一路除了游山玩水，就是拼命买书。禁绝 40 年，我终于能够补回中国现代文学史空白的篇章。

硕士论文选题时，我告诉当时的系主任叶庆炳教授想研究现代文学。叶老师说：现代文学没有什么好研究的。你在台湾，鲁迅、老舍、沈从文的书看不到，只看徐志摩、胡适、林语堂是不够的。

解严了，能够看鲁迅、老舍、沈从文的书，可是我已经选做结合文学和美术的题画文学研究，再回头研究现代文学起步太迟。

我还是喜欢现代文学啊！怎么办？

幸好在台湾大学和淡江大学的课程可以由老师安排内容，

于是我摘取了从古至今的经典作品，其中不少是刚刚才读过的书。我的理由很简单：学生都不是文学院学生，这一门语文课可能是一生中最后“被迫”学习文学的机会，中国的文学大家过去因为政治因素被蒙蔽，现在再不接触，或许以后再也不知道。

我其实是“现学现卖”，只教《狂人日记》，但是不能不提《阿 Q 正传》，前一周才生吞活剥的内容，几天以后便端上讲台。遇到学生问我不明白的问题，我坦然回答：下次解释。

六年来，我的教学生活很愉快，充分拥有当老师的优越感。我规划课程进度，按时完成递增的学习知识点，搭建思维框架，配合流行歌曲和电影，加深同学们对作品的时代记忆，自认比我在大学时接受的许多课程还高效。高效的意思是：认清学生可以在课程中学到什么？如何传达？而不是老师自己想讲什么？

延续我对自己高效教学的要求，2006 年我到新加坡任教，很容易就进入状态。2007 年苹果手机 iPhone 上市，课堂上的知识落差马上被移动互联网拉平。曾经有一位同事上课时讲诗歌，结果把诗句背错了，被学生纠正。起初这位同事不认错，直到同学们纷纷拿出手机问 Google，或许感到“师道尊严”受损，听说气氛弄得相当尴尬。

是的，在网络时代，世界是平的，师生关系也是平的。不会上网查询的老师，资讯量可能比学生还少。依赖网络资讯的老师，也很容易被学生嘲笑“PPT 抄百度”。现学现卖的老师大概只能忽悠偷懒打混的学生。话说回来，即使学生偷懒打混，必要时也会打听一二。加上社群媒体的传播，老师如何、考题怎样、给分松严，学生一目了然。有学生告诉我不敢修新老师的课，“因为没有纪录，对老师不放心”。这就像在网络上还没有数据的产品啊！没有愿意尝鲜的第一批用户，哪里建立得了口碑呢？

到了 AI 时代，学术研究和教育又会被科技怎样扭转？

第二节　ChatGPT 横空出世

意识到科技不但改变我们的沟通方式，从写信、打电话、发电子邮件到视频通信，空间的距离可以被压缩；也改变我们的生活习惯：我们即使睡眠，即使电脑和手机关闭，还是处于在线（on line）状态，别人可以发信息给我们，等于无休。我主要的工作科研和教育之后会受到怎样的科技影响。甚至颠覆呢？我关心人工智能的发展。

看到报道，课堂上让学生头戴感应环，老师可以从感应环的灯光颜色显示，掌握学生专注还是分神的学习状态。图像识别技术可以扫描学生的表情和动作，从而进行教室管理。这种掌握和管理是对学生还是犯人？我想对犯人也不应该这样控制，AI 像个警察，监视学生的一举一动。对学校主管层级来说，老师也是被监管的对象，这，科技执法有效，可是，真的合适吗？

我产生对 AI 的嫌恶心理，觉得 AI 就是控制人的玩意儿。

AI 用于教育，有一种叫作自适应学习（adaptive learning）的方式，让 AI 得知学生的学习盲点，“对症下药”，有效解决学习的问题，避免反复操作，停留在已经学会的阶段而裹足不前。这对于应试教育特别有用，也就是练习做题，即时回应，提高分数。我教的是大学生，很少考试，文学作品没有唯一标准答案，这种方式派不上用场。再者，我还想到，这就像我高考前一个月集中精神死记硬背所有科目一样，我无暇也无须思考，一股脑儿塞进考题的答案就行，目的性强，行为明确，但是丝毫没有乐趣可言。

加上科幻小说和电影看多了，AI 威胁论甚嚣尘上。AI 能够帮助学习和应付考试，把教学内容“喂”给 AI，训练熟透了，AI 可以代替老师，以后人类不必进学校，靠配备 AI 来学习技能，那将会是怎样的情景？

抱持保留的态度，直到 2022 年 11 月 30 日 OpenAI 上线 ChatGPT 3. 5。在那之前，我上过 OpenAI 的网站，觉得这是个理想高远，很舍得花钱做科研的非营利组织。不过网站内容乏善可陈，好像就是个告示板。ChatGPT 3. 5 出现，OpenAI 重新回到我的视野，而且两个月就达到 1 亿用户，是人类有史以来，最快能达到 1 亿用户的技术或软件，真的是“士别三日，刮目相看”。

然后和 ChatGPT 3. 5 聊天，看它像着了魔似的滔滔不绝，一本正经地胡说八道。[①] 当我告诉它这是错误的信息，它很快道歉，谢谢指正。下一次再问它同样的问题，又是产生“幻觉”，吐出另一番说辞，除了让我打发时间，好玩好有趣，简直是个废物。

媒体大加渲染 ChatGPT 的神力，我想它可能数理方面很厉

① 衣若芬：《被 ChatGPT 发掘的国际歌手》，新加坡《联合早报》2023 年 3 月 25 日。

害，用中文谈历史文学就差多了，毕竟出身在美国呀。

学生比老师还积极使用 ChatGPT，下个指令（prompt）就可以生出洋洋洒洒的论文，看起来有模有样，而且 3.5 还是免费的，这么方便友善，怎么轻易放过？我的文图学课作业也有学生让 ChatGPT 生成文案，再导入剪映自动配图，生成令人惊艳的视频，难怪意大利要禁止学生使用，无脑完成作业，形同作弊，抄袭 AI 还没有法规限制责任，学生能学到什么呢？

关于学生用 ChatGPT 写作业，我任职的大学建议包括：

1. ChatGPT 不能列为作者。

2. ChatGPT 的任何使用都应在前言、研究方法、致谢词中提及。

3. 作者应该说明用于在论文中生成文本的任何提示，包含来自 ChatGPT 的文本的部分以及使用 ChatGPT 产生的想法。

4. 使用识别 AI 生成文章的线上工具 ZeroGPT 和 GPTZero 可以推导出其中 AI 生成的比例。

教学方面，大学的立场是："我们应该让学生掌握知识和技能，以道德和批判的方式有效地使用这些人工智能技术，帮助他们通过综合思想、进行深入分析和创造性的工作来提高他们的认知技能。"并且举行会议，集思广益。

我的观点是：因应 ChatGPT 等生成式 AI，大学教师的角色将会有本质上的转变：

1. 以辨析认知代替指导纠错。

2. 以情感服务代替知识传递。

3. 以协同创新代替背诵记忆。

没有知识落差的上下层级，比互联网时代的师生关系更平，AI 时代教师的职责是提供判断的依据，建构准则，帮助学生明辨 AI 生成文本的是非真伪，让学生通过演练以培养认知能力。AI 老师有海量数据知识，远超真人老师，真人老师的优势在于真实的情感服务，疏解学生的学习压力，调和学生的心理。学生的成绩不再只取决于背诵记忆以后的输出，而是和 AI 协同，力求创新。

第三节　和 ChatGPT 一起写论文

山东师范大学邀请我在 2023 年 4 月 21 日在“黄河文化的精神内涵与时代价值”国际学术研讨会上做主题演讲，刚好是我实验和 ChatGPT 合作学术研究的机会。

2 月间，我在构思让 ChatGPT 为我组织什么发言题目，首先想到的是苏东坡曾经在徐州治理黄河，率领军民抵抗洪水，写了《河复》诗记录经过，我还造访过黄楼，录制介绍苏东坡与黄楼的视频。且慢，主办单位在山东，可能更欣赏的是苏东坡和山东的因缘吧？脍炙人口的《江城子・密州出猎》是他在山东诸城的豪放词；还有在山东登州（今蓬莱）任官虽然只有短短五天，他的名句“我持此石归，袖中有东海”可是新加坡收藏家杨启霖“袖海楼”典故的来源呢。

这些，并没有什么新意，不需要 AI 也写得出来。于是我想给 ChatGPT 出几个宽泛一点的问题，比如“苏东坡和黄河文化有什么关系？”它回答：

苏东坡于北宋时期曾先后担任过河南知府（1079 年至

1080 年）、河南转运使（1091 年至 1092 年）和河南西路转运使（1093 年至 1094 年）等职务，这些官职都让他有机会参与了当时的河南地区治理和开发工作，对当地人民的生活产生了积极的影响。

第二个问题是："苏东坡有哪些书法作品和黄河有关？"它的答案是：

苏轼书法作品中有一件作品是名为《黄河回北天远》的行书，其中写有"黄河"二字。这件作品是苏轼于北宋崇宁元年（1102）在安徽省桐城市写成的，现藏于台北故宫博物院。

这样煞有介事的一派胡言尽管令我啼笑皆非，我也感到忧虑：不是所有使用者都有判断能力，拆穿 ChatGPT 的自说自话。万一有人直接传播这些内容，我们怎么"打假"打得完？

我没有立即放弃，隔了几天，我再给 ChatGPT 三个问题：

1. 什么是"黄河文化的精神内涵与时代价值"？

2. 当代推动黄河文化精神可能遇到哪些困难？如何解决？

3. 如何利用人工智能推广黄河文化精神？请举例 10 个可以实践的方式。

每一个问题，我都用不同的语句反复提出，它的回复有些雷同，也有的出入比较大。我尤其满意的是它发挥了人工智能的优势，指出虚拟博物馆、智能语音和翻译、电子游戏、文物保存及修护等"点子"，同样适用于延续其他类型的传统文化。

最后，我全盘归纳总结，即使不算非常精彩，仍然闪耀亮点。于是我提交了《和 ChatGPT 一起探讨黄河文化的精神内涵与时代价值》的演讲视频①，并将和 ChatGPT 实验的结果写在我《联合早报》的专栏文章《ChatGPT 的雷区和乐土》②。

这第一次的实验让我明白：

1. 和 ChatGPT 合作中国人文方面的学术研究不能放任 AI 自说自话，否则要逐一检查内容，披沙拣金，去除误谬反而会浪费时间。

2. 要 ChatGPT 提出参考文献和前人研究成果基本都不可靠。后来 2023 年的 GPT-4 和能够联网的 Bing 稍微好一点。目前（2024 年 2 月）比较适用的是 Google 的 Bard，可以返回 Google 搜索查证，不过也经常出现链接错误。

3. 如果要 ChatGPT 从头开始自动生成论文，表面看起来架构完整，段落清晰，条理分明。可是细看内容，除了错误，还有书写文字的刻板和程式化，也就是“机器味”，其实看多了一眼便能得知文章不是出自人脑。

我又和 ChatGPT 进行了第二次合作学术研究的实验，为了 2023 年 9 月在韩国全州召开的世界书法双年展国际论坛，我的论文题目是《AI 时代的书法》，部分内容参见本书第六章。

由于论文直接关系 AI，ChatGPT 在处理 AI 问题时对答如流，不过我可不能轻信。同样的，书法这种东方的书写艺术，西方出身的 AI 不大熟悉，不是答非所问，就是乱举例子。我后来想到，把“书法”换成“图像”，询问它 AI 如何生成图

---

① https：//youtu. be/yNARzwdV440.

② 衣若芬：《ChatGPT 的雷区和乐土》，新加坡《联合早报》2023 年 4 月 22 日。

像，它便一五一十娓娓道来。其中很多专门术语，比如 GAN，我从未听过，便请它再解释，或是到 Google 找相关资料补充知识。

类似的困难还在列举实例，无论是网页、AI 生成书法的工具人和应用程序、参考资料也多是幻想。我告诉它这些资讯是错误的，它的“讨好型人格”会立即道歉，表示自己能力有限，帮不上忙。这时我反而想错在自己，怎么会期待依赖数据生成的 AI 解决前人没有处理过的学术议题？我是想不劳而获吗？从事 30 多年的学术研究工作，把问题交给 AI，它能像扫地机器一样清理我的困惑吗？

于是，我又明白了：

1. 与其嘲笑 AI，期待 AI 完成学术研究工作，应该要先厘清 AI 的能力边界，不能着迷媒体夸大的“一键/指令完成任务”。即使是使用人类的自然语言和 AI 沟通，也要考虑 AI 能接收和听得懂的概念语词。

2. ChatGPT 的发散式回应适合从中提炼创意写作的元素/灵感。如果是学术论文，最好人类作者要有自己的论述架构，自行查找研究现况，必要时可以用归纳摘要的工具广泛涉猎前人的研究成果，以确定论题的有效和可行性。

3. 不是 AI 为（for）我们工作，而是我们和（with）AI 工作。把自己想好的架构和论点导入 AI，问它还有什么可以补充的主题和素材。它的回答只能参考，我们要再延展和深入。这一点，一些 AI 的专家主张 AI 能够辅助我们做决策，也许可视化的金融图表和医疗的摄影成像有用，至少在人文学科范围里面，交给 AI 做决策恐怕是制造垃圾灾难。

在韩国全州的研讨会发表现场，我主要听到几个声音：

1. AIGC 太厉害，人类要维护自己的著作权，主张智慧财产。

2. AI 没有感情，生成的内容粗糙，不如人类。

3. 谨慎使用 ChatGPT 之类的聊天机器人。

我也认同谨慎的态度，不过极力“维权”和“反 AI”这种带有和 AI 对立意味的想法，让我感到人类霸权的气焰。本书第十章会谈到规范 AIGC 的问题，这里先谈我的立场：

1. 在你还没有被 AI 取代之前，你会被懂得使用 AI 的人取代。

2. AI 使你更思考什么是真正的人类。

第四节　人工智能与人类智能

无独有偶，我在 2023 年 10 月 3 日听到国际 AI 教育学会会长，英国伦敦大学教授罗斯玛丽·卢金（Rosemary Luckin）的演讲，得知她的研究也基于区分人工智能和人类智能，并且经由梳理人类智能，明了人类如何利用个别的优势和 AI 合作。

那是一场名为“教育的未来：从优秀到伟大，NTU2023 年教与学会议”（“The Future of Education for the 21st Century：From Good to Great，NTU Annual Learning and Teaching Conference 2023”）的研讨会。① 我从 2011 年起采用社交媒体（主要是 Facebook）为教学辅助，成果显著，获得 John Cheung Social

① https：//www. ntu. edu. sg/education/teaching-learning/annual-learning-and-teaching-conference-fg2g，2023 年 10 月 03 日。

Media Award。

颁奖仪式是工作坊的一个环节。我听了卢金教授的演讲，她的题目是："引领教育领域的人工智能革命：拥抱机会、吸引思想"（"Navigating the AI Revolution in Education：Embracing Opportunities and Engaging Minds"）。卢金教授列出了当前在教育领域常见的问题和挑战：

1. 公平与教育：如何确保每个学生都能获得公平的教育机会，不受社会经济背景、性别、种族或其他因素的影响。

2. 学生和员工的福祉：关注学生和教育工作者的身心健康，以创造积极的学习和工作环境。

3. 学生参与度：如何激发学生的兴趣，使他们更积极地参与学习和课堂活动。

4. 员工招聘和保留：教育机构如何吸引和留住优秀的教育工作者，以提供高质量的教育服务。

5. 为所有人提供优质教育的机会：如何解决资源不足、地理位置限制等问题，确保每个人都能获得优质的教育。

6. 教育工作者的时间压力：教育工作者如何在有限的时间内有效地教授知识和技能。

7. 资金和资源压力：教育机构如何平衡预算，确保足够的资源用于教学和学习。

8. 不同学生的学业成就差异：如何解决不同学生之间的学业差距，确保每个学生都能取得成功。

这些问题和挑战对于教育界来说都是重要的议题，需要持续的关注和努力来改善教育体系。在教育体系纳入人工智能是时代趋势，虽然未必能全盘解决所有困境，但是教育工作者可以尝试，前提是要对 AI 有基本清楚的认识，不盲从。归纳长年研究 AI 在教育方面的实践，卢金教授谈到七种人类智能，从而理解 AI：

1. 跨学科学术智能（interdisciplinary academic intelligence），关于世界的知识，对于事物的整体理解和解决复杂问题的能力。

2. 元认识智能（meta-knowing intelligence），对知识的认识。关于知识的意义和形成过程。

3. 社交智能（social intelligence），社会交往、人际沟通的能力。

4. 元认知智能（meta-cognitive intelligence），对自己的思维的认识。

5. 元主观智能（meta-subjective intelligence），感受和调节个人情绪，理解行为动机。

6. 元情境智能（meta-contextual intelligence），个人与环境互动，身体和心理的感知。

7. 自我效能感（perceived self-efficacy），对自我完成任务的适切理解。

关于这七种人类智能的详细分析见于卢金教授的著作①，她认为这七种人类智能是交织运行，所以可以处理复杂的问题。她举了《谁动了我的奶酪?》（*Who Moved My Cheese*?）②的例子，将“智能”类比于“奶酪”，提出对于“变化”的思

---

① Rosemary Luckin, *Machine Learning and Human Intelligence*: *The Future of Education for the 21st Century*, London: UCL Institute of Education Press, University of London, 2018.

② Spencer Johnson, *Who Moved My Cheese*?: *An Amazing Way to Deal With Change in Your Work and in Your Life*, London: Vermilion, 2002.

考，她提到变化总是在发生，科学家不断研发制造更强大的人工智能。我们要做好迎接更强大的人工智能系统的心理准备。注意变化并审慎适应变化，才能从变化中获益及享受变化，继而开发和提高人类智能。换言之，人工智能为人类服务，目的是使人类智能得到进展，这个观点和一般只停留在操作和使用人工智能技术的层面有所不同，可以说直指教育的本质：学习。

我想：教育是持续学习的过程，完成某个阶段学业，得到毕业证书，并不表示学习就结束了。我在淡江大学兼课时，一位经常搭乘同班次校车往返台北和淡水的学长一天很高兴地告诉我：他通过博士论文答辩，取得博士学位了！

我也为他高兴，我们都一边修博士课程、钻研学术、写作论文，还一边当老师，备课、讲课、批改作业和考卷。大学语文课一班都超过 120 位学生，不只要付出时间和体力，教室管理的精神耗损也非同小可。取得博士学位，学生的角色就可以放下来，学长说：“再不会有人因为你还是学生就瞧不起你，当全职老师，大家都要听我的！”

从幼稚园到博士班，我的学生身份没有中断过，一时难以想象不是学生的感觉，也不觉得以后即使当全职老师，大家都会听我的。没有学生证，我还是一个终身学习者；就像“读书”的意思不是“读教科书”，学习的目的不是为了应付学校的考试，把考试成绩当成自己学习成果的唯一标准，甚至区隔精英和普通人。

前面提到我得知一些学校或课业辅导机构用 AI 来提升学生成绩，效果令家长满意，但是体验如何就很难说。这就是 AI

对教育的贡献吗？我问 ChatGPT 之前，想到我研究的是 AIGC，强调的是人工智能的生成内容而非 AI 技术，于是问 ChatGPT AIGC 在教育中的具体应用，得到的回答是：

1. 个性化学习材料：AI 可以根据学生的学习进度、兴趣和能力生成个性化的学习材料和练习题。这种个性化方法有助于满足不同学生的学习需求。

2. 自动内容生成：教师可以使用 AIGC 工具生成创意写作、数学问题或科学实验等教学内容。这些工具可以节省教师准备课程的时间，并提供丰富多样的教学资源。

3. 语言学习：对于语言学习，AIGC 可以生成各种对话场景，帮助学生练习不同的语言技能。这些场景可以根据学生的水平和兴趣来定制。

4. 虚拟助教：AI 助教可以帮助学生解答问题、提供学习建议和反馈。这些助教可以 24/7 提供帮助，确保学生在需要时总能得到支持。

5. 交互式学习体验：利用 AI，可以创建交互式学习模拟和游戏，让学生在虚拟环境中学习复杂的概念。这种沉浸式体验对提高学生的参与度和兴趣非常有效。

6. 辅助写作和研究：AIGC 工具可以帮助学生和研究者生成论文草稿、文献综述或研究提案。这些工具可以提高写作效率并帮助整理思路。

7. 自动评分和反馈：AI 可以用于自动评估学生的作业和试卷，提供及时的反馈。这可以帮助教师减轻工作负担，并为学生提供个性化的学习反馈。

8. 增强现实（AR）和虚拟现实（VR）教学：使用 AIGC，

教育者可以创建 AR 和 VR 内容，将学生带入虚拟的历史场景、科学实验室或地理位置，增强教学的吸引力和实效性。

使用 AIGC 时，重要的是要确保内容的质量和准确性，并且在使用过程中遵循教育伦理和数据隐私的相关规定。同时，教育者应当意识到 AIGC 是辅助教学的工具，不能完全替代教师的指导和学生的主动学习。①

回到卢金教授谈的七种人类智能，只有第一种“跨学科学术智能”可以借用 AI，通过处理海量数据，演算和交互连结，提供参考。如同 AI 科学家吴恩达和李飞飞提醒的，AI 可以帮助完成阶段任务，不必期待把工作全部交给 AI。

第五节　联合国教科文组织的指南

ChatGPT 于 2022 年 11 月 30 日推出，短短两个月便吸引了上亿的用户，是历史上成长最快的应用程序。通过自然语言指令生成文字、图像、影音，渗透各个产业，不容小觑。将 ChatGPT 应用于教育，不但覆盖面广，而且影响深远，联合国教科文组织（UNESCO）于 2023 年 5 月 25 日召开了首场全球教育部部长会议，40 多位部长一同探讨人工智能应用在教育方面的机遇、风险和挑战。②

此前在 2019 年，联合国教科文组织已经发布过《北京共识：人工智能与教育》（Beijing Consensus on Artificial Intelli-

① https：//chat. openai. com/c/82639294 - 604b - 444f - 9eac - df2d795717f8，2024 年 1 月 20 日。

② https：//www. unesco. org/zh/articles/rengongzhinengjiaokewenzuzhidongyuangeguojiaoyubuzhangxieliyingduichatgpt，2024 年 1 月 30 日。

gence and Education)[1]、2021 年通过《人工智能与教育：政策制定者指南》[2] (AI and education：guidance for policy-makers)[3]、《人工智能伦理问题建议书》[4] (Recommendation on the Ethics of Artificial Intelligence)[5] 制定了使用人工智能的规范框架。《人工智能与教育：政策制定者指南》中提及 2024 年人工智能在教育应用上，市场规模将达 60 亿美元，随着人工智能巨头公司的积极研发和竞争，相信市场规模会更高。

2023 年 7 月，联合国教科文组织发布《生成人工智能与教育未来》(Generative AI and the future of education)[6]，讨论了 AIGC（Generative AI）对教育未来的影响，包括：

1. 对知识系统的影响：尽管人工智能和其他数字技术有望进一步丰富我们的知识系统，但如果只有一两个人工智能模型和平台主导我们与知识的接口，我们可能会朝相反的方向发展。因此，必须保护和维护我们知识系统的多样性，以及开发能够保护和扩展我们丰富知识共同体的人工智能技术。

2. 教育中的 AIGC 应用：未来教师的角色将会是什么？随着 AI 工具在考试中表现出色，包括展示特定学科掌握能力的考试以及对医生、工程师和律师等专业人士进行资格认证的考试，评估将会发生怎样的变化？

---

① https：//unesdoc. unesco. org/ark：/48223/pf0000368303，2024 年 1 月 30 日。

② https：//unesdoc. unesco. org/ark：/48223/pf0000386693，2024 年 1 月 30 日。

③ https：//unesdoc. unesco. org/ark：/48223/pf0000378648，2024 年 1 月 30 日。

④ https：//unesdoc. unesco. org/ark：/48223/pf0000381137_chi，2024 年 1 月 26 日。

⑤ https：//unesdoc. unesco. org/ark：/48223/pf0000381137，2024 年 1 月 30 日。

⑥ https：//unesdoc. unesco. org/ark：/48223/pf0000385877，2024 年 2 月 4 日。

3. 风险和挑战：AI 技术可能操纵人类用户的潜力，尤其是对儿童和青少年的影响。同时，对于我们如何与这些机器互动以及如何对待它们也提出了思考。此外，AI 技术的快速发展也带来了一些未知的风险，需要教育机构和政策制定者密切关注和应对。

4. 教育的特殊责任：教育机构有责任确保他们使用的工具对年轻人安全，并且需要认真评估和了解 AI 技术的风险。尽管 AI 技术具有潜力改善教育，但也需要谨慎使用，避免潜在的负面影响。

在此基础之上，2023 年 9 月 7 日，联合国教科文组织发布了《生成式人工智能在教育和研究中的应用指南》（Guidance for generative AI in education and research）①。文件中介绍 AIGC 及其运作、各种不同的技术和模型。指出关于 AI 和 AIGC 的争议、伦理和政策问题。归纳在寻求以人为中心的方法来规范 AIGC 时需要检视的步骤和关键元素，以确保道德、安全、公平和有意义的使用。提出了可以采取的措施，以制定一致、全面的政策框架，来规范在教育和研究中使用 AIGC。探讨在课程设计、教学、学习和研究活动中创造性地使用 AIGC 的可能性。思索 AIGC 对教育和研究的长期影响。

其中有几点对我特别有启发意义：

1. 由于网络和数据资源不均，全球使用 AIGC 面临模型集中于少数国家，形成部分国家地区数字贫困加剧的局面。

2. AI 模型数据来源未经同意使用，生成内容缺乏合理监管

---

① https://www.unesco.org/en/articles/guidance-generative-ai-education-and-research，2024 年 2 月 1 日。

和证实，容易产生深度伪造（Deep fake），必须结合各国讨论超越国家利益的共识。

3. 规范使用人工智能工具的年龄为 13 岁以上。这也是对 ChatGPT 使用者的限制。欧盟 2016 年规定社群媒体用户必须年满 16 岁才能使用服务。

此外，还以表格显示研究者和教育者在协同 AIGC 工作的建议见表 8-1。

表 8-1　　**以研究为用途的生成式 AI 共同设计**

潜在但未经证实的用途	研究大纲的 AI 顾问	生成式资料探索与文献探讨
适用的知识或问题领域	对于架构良好领域内的问题探讨，可能有所帮助	对于架构不良领域内的问题探讨，可能有所帮助
期待的成果	建构与响应研究提问，建议适切的取径。 潜在的转变：研究计划的一对一指导	自动收集信息、探索大范围的数据、提出文献探讨的草稿。 潜在的转变：资料探索与文献探讨的 AI 训练者
适当的生成式 AI 工具与相对优势	生成式 AI 工具是否可以在本地端存取、是否为开放原始码、是否经过严格的测试或由权威机构认可。 进一步考虑个别生成式 AI 工具的优势与难处，并确保其对应特定的人类需求	同前
使用者所应先具备的条件	研究者必须具备对议题的基础了解。 研究者应当建立核实信息的能力，特别是足以分辨出是否征引自不存在的研究（citations of non-existent research papers）	研究者必须拥有对于取径与数据分析技术的充分认识

续表

潜在但未经证实的用途	研究大纲的 AI 顾问	生成式资料探索与文献探讨
所需的人类教育取径与范例提示	研究问题（如目标群众、议题、脉络）的定义，或如取径、期待成果与格式的基本构想。 范例提示： 写下针对标题 X 的十个潜在研究的提问，并以 Y 研究领域中的重要性排列	对问题的（Progressive）定义、资料的范围、文献的来源、资料探索的取径、文献探讨、期待的成果、格式
可能的风险	必须对于：生成式 AI 所编造的信息（例如不存在的文献），以及剪贴 AI 产生研究大纲对使用者的诱惑等等高风险状态有所警戒，这些将会降低新研究者从试误中学习的机会	必须注意：AI 所编造的信息、对数据的不恰当处理、对隐私可能的侵害、未获授权的侧写（profiling）、性别偏见等。 必须警惕对主流规范（dominant norms）的传布，及其对非主流（alternative norms and plural opinions）的威胁

表 8-2　以附助教师与教学为用途的生成式 AI 共同设计

潜在但未经证实的用途	课程共同设计者	作为助教的生成式聊天机器人
适用的知识或问题领域	对于特定教学主题的概念性知识与教学法的程序性知识	在结构良好的问题上，跨越多领域的概念性知识
期待的成果	支持课程设计，包括大纲或针对目标议题的关键范畴的延伸观点，以及定义课程结构等。 或许也有帮助于教师们借由提供问题的范例与评估的标题来准备测验。 潜在的转变：AI 生成课程	提供个人协助，解答问题，识别资源。 潜在的转变：教师的孪生生成式助理

续表

潜在但未经证实的用途	课程共同设计者	作为助教的生成式聊天机器人
适当的生成式 AI 工具与相对优势	生成式 AI 工具是否可以在本地端存取、是否为开放原始码、是否经过严格的测试或由权威机构认可。 进一步考虑个别生成式 AI 工具的优势与难处，并确保其对应特定的人类需求	同前
使用者所应先具备的条件	教师必须理解并谨慎指出课程或测验所需涵盖或达成什么？是否要处理程序性或概念性知识？以及希望使用的教学理论	其附助教师，却直接针对学习者；因此，它要求学习者具备充分的前备知识、能力，以及后设认知技巧，借以核实生成式 AI 所输出的结果，并觉察可能误导的信息。因此，它或许更适合处在偏高等教育中的学习者
所需的人类教育取径与范例提示	向生成式 AI 提出关于主题的事实性（factual）知识结构与范例、建议主题或问题的教学法与过程、或者基于主题与格式，建立课程计划。 人类课程设计者需要对事实性知识加以确认是否属实，并检验所建议的课程包	要求教师对问题拥有透彻的理解，借以监督对话，以及帮助学习者核实生成式 AI 所提供的可疑答案
可能的风险	强加以主流价值规范（dominant norms）与教学法的风险相当高。 可能在不经意间，延续具排他性的惯习，导致偏颇信息已然丰富的集团。亦强化其接触相称与高质量教育机会的不平等，不利于信息贫乏的集团	基于现在生成式 AI 的能力，教育机构需要保证人类对 AI 产生的响应予以监督，警戒误导的风险。 这可能也会限制学习者接受来自人类的教导与支持，也限制了师徒关系联结的强固性，特别是孩童的情况上

表 8-3　　教师与学生的 AI 能力架构草案

教师 AI 能力架构草案			
方面	进展		
	获取	深化	创造
人本思维	风险效益分析	人类	AI 社会责任/社会人代理
AI 伦理	伦理原则	安全且负责的使用	共同建立 AI 伦理
AI 基础与应用	基础 AI 技能与应用	应用技术	使用 AI 创造
AI 教学法	AI 协助教学	AI 教育法的整合	AI 强化教育法及转变
提供给专业设计的 AI	AI 作为终身专业学习的推动者	用 AI 强化组织学习	用 AI 支持专业转型

学生 AI 能力架构草案			
方面	进展		
	理解	应用	创造
人本思维	人类能动性	人类进化	AI 时代的市民资格
AI 伦理	对 AI 的严格反省	安全且负责的使用	设计的伦理
AI 技能与应用	AI 基础	应用技术	使用 AI 创造
AI 系统设计	界定问题范畴	架构设计	递归与回馈

总之，联合国教科文组织对于人工智能（AI）在教育领域的应用持积极态度，认为 AI 具有解决当前教育领域面临的一些最大挑战、创新教学实践、并加速实现教育 2030 议程的潜力。然而，他们也强调，快速的技术发展带来了多重风险和挑战，这些都远远超出了政策讨论和监管框架的步伐。为此，UNESCO 致力于支持成员国利用 AI 技术实现教育 2030 议程，

同时确保教育环境中应用 AI 的过程遵循包容和公平的核心原则。预计 2024 年数字学习周发布两种框架的最新版本。①

延伸活动·思考练习

找一个学术主题，用 AIGC 工具生成 3000 字的论文，评估内容是非，探讨其中为何有优有劣。

① 2024 年联合国数字学习周将于 9 月 4 日至 7 日在巴黎的联合国教科文组织总部举行。又参看 Teaching with AI，https：//openai. com/blog/teaching－with－ai，2024 年 2 月 18 日。

第九章　AIGC 在传播和新媒体

第一节　数字身份（Digital Identity）

1973 年，美国摩托罗拉公司工程师马丁·库珀（Martin Cooper）发明世界上第一部移动电话。研发十年之后，1983 年摩托罗拉推出了世界上第一款商用手机。[①] 1997 年我买的第一部手机就是摩托罗拉的产品。1999 年第一部能上网的手机诺基亚 Nokia 7110 问世。我后来也换用了诺基亚的手机。

2004 年马克·扎克伯格和同学合作成立 Facebook。我周围的朋友大约在 2011 年左右加入 Facebook。2011 年 12 月 25 日，我建立了自己的 Facebook 账号。我在《要脸不要脸》[②] 一文中叙述了自己开始有脸书 Facebook 的经历。

手机对于我就是一种移动通信工具，智能与否并不重要。2006 年我到新加坡教书，住在大学宿舍，申请手机号码，也就不再用座机。智能手机的拍照、上网功能我起初很少用，主

---

① http：//www. xinhuanet. com/mrdx/2023 - 04/04/c _ 1310708236. htm，2024 年 2 月 13 日。

② 衣若芬：《北纬一度新加坡》，尔雅出版社 2015 年版。

要因为我通过网络联系的都是公事，亲朋好友还是靠电话联系。我认识的人不多，平常也不大社交，可以说相当封闭。所以当我收到络绎不绝的 Facebook 邀请，我觉得挺困惑，甚至感到骚扰，我不需要 Facebook，也对线上交友毫无兴趣。

于是，我总是忽略那些我视为广告的 Facebook 信息，直到学生说要为我建立账号。

每年要指导大四的学生写作毕业论文，2011 年我指导 6 位同学。我们每个月见面讨论，解答问题，逐步推展写作进度。一次学生问我有没有 Facebook?

没有。

我回答得很干脆。我不需要。

学生说可以帮我设置。

我说：我没时间玩那个交友的平台。

学生说他们几位在 Facebook 建立了一个“毕业论文讨论区”的群组，互通消息，资源共享。原来除了发发个人生活动态，Facebook 还可以作为学习的辅助，尤其是转发网络上搜索到的有用资料，比如书籍、文章、影音，不但可以发挥我常说的“同学爱”，彼此帮助和鼓励，还能够纪录留存这大学最后一年一起为论文同甘共苦的岁月，想来蛮不错的。

但是我还是懒得启动。

学生说交给他处理，我有空的时候来“逛一逛”就好了。

我说：“你帮我处理，这是我的分身助理？还是另一个我?”

我想到：开了我的 Facebook 页面，认识或不认识我的人可能都会看到，现实和虚拟的人际关系可以交给类似的“发言人”来维系吗？

然后我发现网络上竟然已经有了名为“衣若芬”的 Facebook 页面！学生说他还没帮我设置呢，这个是谁弄的？

那个名为“衣若芬”的 Facebook 页面没有头像，实在诡异。为了“打假”，以防万一那个不明来历的页面发布什么不应该的文图，本尊的我，必须亲自“上阵”了。

从 2007 年起我应邀在《联合早报》写专栏，累积了关爱我的读者，成为我的 Facebook 朋友。我把专栏文章发布在自己的博客，分享到 Facebook，陆续结交更多来自世界各地的朋友，不久就快要达到个人页面好友极限的 5000 人。听从学生的建议，2015 年 10 月 19 日我新建了粉丝页“画意 · 诗情 · 衣若芬-Lofen”，和学生一起管理，主要是分享我的文学创作和学术论著，每个星期三，一周的中点，摘取我的文章一小段精华，搭配图像，放在“有此衣说”的栏目，后来“有此衣说”成为我 2020 年开始创设的播客节目名称。

我不是很喜欢用“粉丝”这个词来称呼我的读者，但是我自认是苏东坡的粉丝（后来人们称我是“迷妹”，比粉丝还热烈），在我个人粉丝专页之前，2013 年 1 月 20 日我就创设了“爱上苏东坡”的粉丝专页，分享关于苏东坡的研究动态、相关活动和文章等等。

如此一来，不包括后来我因为执行计划而成立的粉丝页“台湾文化 · 光点南大✕逗闹热”，以及文图学会的专页，我主要经营的 Facebook 页面有三个，分别代表我个人生活、研究主题和作品呈现。这三个页面有时内容重叠，发布时叙述略有调整，我的个人页面是以第一人称语气；“爱上苏东坡”的立场是研究者；作品粉丝页是作者视角，都是我发布，怎么好像在扮演不同的角色？

我后来知道我的一人三角不算什么，“人格”相近，有的人在不同的平台说不同的话，交不同圈层的朋友，在网络虚拟世界制造不同的数字身份（Digital Identity），甚至数字身份和现实世界的自我分离，等于是第二、第三的“我”。

数字身份是指个人在网络世界中的辨识和识别信息数据。包括：

1. 个人信息和特征：姓名、出生日期等个人基本信息。浏览历史、购物习惯等在线行为，社交媒体上的人际互动，又称数字足迹。

2. 账户和资料：在各种在线平台上，创建的账户和资料也构成了数字身份的一部分。例如电子邮件账户、社交媒体资料、在线购物账户等。

3. 网络声誉和影响：我们在网络上的行为和互动会影响声誉。例如在社交媒体上的发帖和评论，以及其他人对你的评价和反应，都是数字身份的一部分。

4. 数字资产：我们在数字世界中拥有的资产，例如数字货币、在线游戏中的成绩、数字版权内容等。

AIGC 时代，更容易制造大量数字身份，也更需要安全地管理身份验证和授权。从数字身份还衍生出数字权力的问题，我们被纪录的数字足迹和产生的相关数据是否可能被网络平台泄密？例如 Facebook 在 2018 年因为泄露用户隐私而受到监管部门的调查，企业形象大损，不过近 30 亿的用户还是坐稳社交媒体的领先地位①。2021 年 10 月 Facebook 改名为 Meta，大有进军元宇宙的气势。一旦解决技术和法律问题，用户同意的话，将数字身份迁移到元宇宙，结合区块链技术、人工智能，VR/AR/MR（虚拟现实、增强现实、混合现实），NFT 等等，根据（中国）普华永道预测，"在 Web3 和 AR/VR 技术的推动下，元宇宙经济将成为下一个前沿领域，预计到 2030 年对全球经济的贡献将高达 1.5 万亿美元"②。

第二节　数字人（Digital Human）

数字身份被认为是进入元宇宙的通行证。Facebook 改名为 Meta 的 2021 年被称为"元宇宙元年"，此前同年 3 月，"元宇宙第一股"美国网络游戏和社交平台公司 Roblox 在纽约证券交易所上市。

部署元宇宙，除了网络通信技术和智能配备，内容更是核心。随着"元宇宙元年"概念的出现，2021 年也有了"数字人元年"的说法。数字人（Digital Human）是指通过电脑图形学、语音合成技术、深度学习、类脑科学、动画技术等创造的虚拟形象③。数字人以平面二维或是立体三维的图像/影像形态出现，具有人工智能的数字人可能表现得像真实人类一样与受

---

① 《2023 年 Facebook 用户分布与成长前景如何？主要趋势为何？》，https：//zh.oosga.com/facebook-overview/，2024 年 2 月 14 日。

② 《普华永道发布《2023 年全球消费者洞察调研》中国报告》，https：//www.pwccn.com/zh/press-room/press-releases/pr-210923.html，2024 年 2 月 14 日。

③ 陈龙强、张丽锦：《虚拟数字人 3.0：人"人"共生的元宇宙大时代》，中译出版社 2022 年版。

众交流互动。

这些知识在我 2022 年收到中华书局“苏东坡 3D 写实数字人”模型研讨会邀请的时候，不明就里。除了知道“苏东坡”是谁，后面几个字有看没有懂，什么是“数字人”？是设计苏东坡手办？公仔？

我想到网上绊爱（Kizuna AI）之类的虚拟主播（VTuber）、歌手艺人，像日本的初音未来，韩国的 Rozy①，中国的洛天依、夏语冰……所以，中华书局是要进军二次元还是元宇宙吗？可是，数字人本来就是虚拟的，哪来的“写实”呢？

带着好奇心参加 5 月 22 日的线上会议，才晓得“3D 写实数字人”已经是专有名词，还有所谓的“3D 超写实数字人”呢！“写实”或“超写实”的意思，是指图形影像颗粒细致，组织精密，惟妙惟肖模拟真人，甚至可以乱真。

比如身材曼妙，面容姣好，能歌善舞，Rozy“出道”三个月爆红，她的社交媒体吸引十数万粉丝关注，制作公司才公布她的数字人身份。中华书局设计苏东坡数字人的“写实”追求，关键在于合乎文献史料和图像记录里的苏东坡形貌。

在《陪你去看苏东坡》书里，我写了《东坡长得怎样？》，从苏东坡自己的诗文总结得知他的个子高，颧骨耸然，胡须不浓密也不稀疏。中年时体格稍胖，老年在岭南和海南生活不易，霜髯骨瘦。目前能见到和苏东坡时代较接近的画作，例如宋代乔仲常的《后赤壁赋图卷》，描绘在黄州大约 46—49 岁的

---

① Rozy（로지）由韩国 Sidus Studio X 创造，是一个完全由计算机生成的 3D 模型，具有逼真的外观、表情和动作。她在社交媒体上活跃，参与广告代言和模特工作，展示了数字人在现实世界中的应用潜力。Rozy 的创造展示了数字技术在模拟人类外观和行为方面的进步，使她成为数字人领域的一个引人注目的例子。

苏东坡，或许保留了些许他的形貌特征。

图 9-1　元代赵孟頫画苏东坡像（台北故宫博物院藏）

其实早在 2013 年，周杰伦就和“复活”的“虚拟邓丽君”同台演唱过，这一波数字人的出现潮，是看见了数字人的使用场景、市场需求，以及变现风口。包括娱乐（如电影、游戏、虚拟偶像）、教育培训、客户服务（如虚拟助理、客服代表）等。我想，在娱乐圈之外，有更多的人和数字人协同合作的机会。直接取材成熟的大 IP，比制造新的人设和外观，受众的认识成本较低，经典文化中人见人爱的大 IP，要数苏东坡。

2021 年大谷 Spitzer 在微博和 B 站上发布了用人工智能“还原”的三张苏东坡相貌的视频。[①] 他采用的是清代叶衍兰《历代文苑像传》里的苏东坡画像、元代赵孟頫《苏东坡小像》，以及翁方纲收藏的

① https：//space. bilibili. com/176003/.

《天际乌云帖》中朱鹤年摹李公麟《按藤杖坐盘石图》，加上模拟古汉语的朗读《题西林壁》，颇为有趣。不过，为了求真，我还是要指出：最后一张右颧骨有痣的画像有问题。我分析东亚的《东坡笠屐图》，还发现清代翁方纲收藏的明朝状元朱之蕃摹《东坡笠屐图》，东坡右颧骨有几粒星斗般的痣，是误解元人题画诗的结果。[①] 面上有痣，而且不止一颗痣的话，是很明显的特征，苏东坡题写自己的画像，或是弟弟苏辙、门生友人都没有提过这个外貌特征，到了清代，才出现这种说法，难以置信。

观看了中华书局项目组展示的四张建模样品，知道工作团队已经做了相当充分而扎实的调查研究，很是佩服。参考了古代的苏东坡相关绘画，还选了几位古装扮相和气质与苏东坡相近的演员为样板，有胡歌、陈道明、张震、陆毅等人。胡歌和陈道明一直是我"苏轼文学与艺术"课的学生心目中的苏东坡：风流潇洒，真诚坚毅。

力求兼顾形神，我谈了四张建模样品的五官特色和视觉效果，既然是 3D 数字人，还要考虑将来如何因语境调整表情，和受众互动的可塑性。后来我也提供建议为数字人发声的"中之人"的人选。

2022 年 8 月，首位"3D 超写实数字人苏东坡"作为中华书局 110 周年献礼推出。从媒体报道得知，中华书局积极开发、创作、运营"中华名人数字人元宇宙"，数字人可以运用于表情包、城市宣传、文旅赋能、东坡诗社 IP 周边开发等领域。[②]

---

① 参看衣若芬《朝鲜燕行使与〈东坡笠屐图〉》，《域外汉籍研究集刊》2023 年，总第 25 辑。衣若芬：《翁方纲藏两幅朱之蕃临〈东坡笠屐图〉及其东亚影响》，《香港大学中文学报》2023 年第 2 期。

② https：//news. ifeng. com/c/8Lc2zrBzK2F.

图 9-2　3D 超写实数字人苏东坡（中华书局提供）

2023 年 1 月 29 日，“3D 超写实数字人苏东坡”现身 CCTV《2023 中国诗词大会》第五场，以及《你好！苏东坡·沉浸式宋韵艺术展》，巡回于长沙[①]和成都等地。

数字人可以完全虚构，像卡通动漫造型；也可以基于真实人物创建或根据史料还原，甚至只有声音和影像画面，比如 2023 年 5 月火热的“AI 孙燕姿”。令人惊讶的是，只用声音素材、分离“干声”、进行训练、翻唱歌曲四个步骤，利用开源社区 Github 中的 So-vits-svc[②]，一个基于 SoftVC 和 VITS 的歌声转换模型，便可以免费生成。既使之前已经有“AI 周杰伦”“AI 王菲”，传播的效果都不及“AI 孙燕姿”。加拿大歌手奥布瑞·德雷克·格瑞汉（Drake）也是受害的音乐人之一，一首冒用他的声音的“Heart On My Sleeve”在 TikTok 上引起了关注，并在多个平台上获得了数百万次观看。[③]

① 2023 年 5 月 15 日—9 月 15 日。2023“你好苏东坡”沉浸式宋韵艺术展（长沙站），https：//www. sohu. com/a/678061763_121365964，2024 年 2 月 13 日。

② 《为什么最先出圈的是 AI 孙燕姿？》，https：//huxiu. com/article/1592380. html，2024 年 2 月 14 日。

③ https：//en. wikipedia. org/wiki/Heart_on_My_Sleeve_（ghostwriter977_song），2024 年 2 月 14 日。

再如关于“3D 超写实数字人苏东坡”的用途，我和 ChatGPT 讨论的结果是：

1. 虚拟导游：在博物馆或历史景点，苏东坡的数字人物可以作为虚拟导游，向访客介绍展品或故事，增加参观的互动性和教育价值。

2. 在线教育：用于在线教育平台，通过苏东坡的角色教授中国文学、历史或文化，让学习更加生动和吸引人。

3. 文化展览：在各种文化活动或展览中，利用数字人物展示古代文化，让参观者通过与苏东坡互动来深入了解宋代文化和生活。

4. 数字艺术：创作以苏东坡为主题的数字艺术作品，如互动装置艺术，结合现代科技呈现传统文化。

5. 娱乐媒体：在电影、电视剧或动画中，利用数字人物创造更加逼真的历史角色，提高视觉效果和故事的吸引力。

6. 电子游戏：用苏东坡的人生经历设计开发角色扮演、策略、冒险等类型的互动游戏。

此外，还可以在元宇宙中创建一个以苏东坡为主题的虚拟空间，用户可以在这个空间中与数字人的苏东坡互动，学习他的诗词，与他对话，沉浸式地体验宋代文化艺术。

第三节　克隆我自己

知识财产版权问题是 AIGC 歌曲最为人诟病之处。从 AI 克隆人声技术的角度，我想的是采集自己的声音为样本，克隆自己的声音，这样我只要在系统里面加入我的文字文本，AI 就能帮我用我的声音读出，不是很便利吗？

这是我为了自己的播客“有此衣说”的节目设想。前文提过，我在 2020 年新冠疫情期间，为了教学和消弭假冒我的伪作品的影响，开始录制播客及视频。AI 帮助我辨识语音，输出字幕，后来还能图文成片，搭配 ChatGPT 写文案，交给 AIGC 工具，制作视频的技术门槛降低。大疫过去，逐渐恢复之前的节奏，我可以抽空做影音节目的时间大大压缩。

因此，我想试着克隆自己的声音，这样以后我的影音节目就节省很多时间和制作功夫。我在本书第四章提到的能够生成白话诗的“少女小冰”后来转型做克隆业务，我研究了一下网站的业务内容，主要制作数字分身来担任客服、虚拟主播用于虚拟会议、社交媒体、游戏或虚拟现实环境中。2023 年 12 月 7 日我在高雄科技大学演讲《AIGC 文图学：人类 3.0 的利多和挑战》，便想将自己实验的结果分享听众。

参考网上的“攻略”，我付了 399 元人民币，加入制作的会员。我只想克隆自己的声音，不过必须先克隆影像，再提取声音。我开始犹豫。在 2020 年我出版的《春光秋波：看见文图学》书中，我提到换脸 app 潜在的危险，包括泄露个人数字身份的后果。3 年以后，AI 换脸、换声音更为轻易，我为了懒得自己录音，就要冒这个未知的害处吗？

犹豫了几天，我还是上传签署了有我个人信息的授权书，内容是：

> ×××现授权小冰使用授权人肖像及声音制作数字人形象，小冰可通过目前已知或其后开发的任何合法手段、用

途、媒介、方法、技术、形式等对授权人的肖像及声音（含面容、面部特征、身形、音纹、音色、音调、音频、发音规律、发音风格等）进行编辑、剪辑、调整、分析、分解、计算、训练、研究等，形成得以模仿、再现授权人面容，形象特征、声音、音色特征的数字人形象。数字人形象可置于小冰所运营的数字员工平台中，并提供给________【实际使用的客户名称】使用。含有授权人肖像及声音的视频及音频素材（下称“训练素材”）由授权人委托________【代理商名称】上传至数字员工平台。

按照指示，我录制了将近两分钟的视频，上传到该平台。

不久小冰公司的工作人员要求加我的微信，通话告诉我我上传的视频不合格。因为我是用电脑录制，只呈现了头部，画面不完整，而且没有一直直视镜头，背景要全干净，最好是白墙。“直接拿手机录，不用稿子，讲什么内容都可以”，他说。

很和善客气的男声，说我有任何不明白的都可以随时问他。把录的视频先发给他看看，确定可行再上传。

我后来一则是没有闲工夫再录制视频，一则又不放心安全，怀疑自己设置数字分身的必要性（授权书中说是“数字人”其实还不到那个程度，后文再谈）。如果只是要克隆声音，网上也有一些更便捷的方式，我查阅使用者反馈，好像英语比较接近原声，中文还有问题，包括读文章的断句、字词的发音，感觉和我用剪映的效果差不多。

这个实验应该会由于会员的使用期限过期而停止。我想自己花一点钱赞助 AIGC 的开发也挺好。

第四节　昨日融现

在日本音乐家松尾公也（Koya Matsuo，1959-　，又名松尾 P[①]、MatsuoP、mazzo）[②] 的作品中，我看到了感人的 AIGC 例子。

2023 年 3 月 12 日，松尾公也获得首届 AI Art GrandPrix 大赛[③]冠军。他的作品名为“Desperado by Tori-chan［AI］”[④]，主要以他离世近 10 年的亡妻数据，包括录音及遗照，训练 AI 模型，最后以 AI 创作音乐短片（MV）。同时他也获得一般社团法人互联网媒体协会（インターネットメディア协会，internet media，JIMA）主办的“Internet Media Awards 2023”[⑤]。

松尾公也 1959 年出生于长崎[⑥]，毕业于东京外国语大学英美科。1983 年起参与初期的 DTP（Desktop publishing）出版[⑦]，也参与了许多电脑相关媒体的创立，从电子邮件通信到网络媒体。在日本软银（Soft Bank），他建立了出版部门，并担任众多 Mac 媒体的创始主编，包括 MacUser、Beginners' Mac 和软银第一

① “松尾 P”是松尾公也在 CloseBox and OpenPod 的博客名称，他曾经参与初音未来的制作，并在 NicoNico 动画等网站上分享。使用合成音乐软件创作并分享作品的人在影片分享网站上被称为“Vocaloid P”，因此松尾公也又称“松尾 P”https：//dic. nicovideo. jp/a/%E6%9D%BE%E5%B0%BEp，2024 年 1 月 26 日。

② https：//vocadb. net/Ar/53451，2024 年 1 月 25 日。

③ https：//www. aiartgrandprix. com/，2024 年 1 月 25 日。

④ https：//www. youtube. com/watch？ v=Le2DGV6P-Co，2024 年 1 月 25 日。

⑤ https：//www. iid. co. jp/news/press/2023/032901. html，2024 年 1 月 25 日，他的作品在 2024 年 1 月 27 日起在台北当代艺术馆“你好，人类！Hello，Human！”展览中展出。

⑥ https：//www. facebook. com/mazzo/.

⑦ 指在个人电脑上运用版面设计技巧来建立文件的出版方式。

本付费电子邮件杂志 Macintosh WIRE（MacWIRE）ITmedia NEWS 编辑部。他也是使用视频和音频进行媒体开发的行业先驱，他运营的技术资讯网站“Techno Edge”发布有关智能手机、PC、可穿戴设备、家电、游戏等数字产品以及 XR、机器人、移动性、AI 等各种领域的新技术的新闻、评论和专家专栏。

从 MIDI（Musical Instrument Digital Interface，数码音乐界面）诞生之前，松尾公也就与妻子松尾敏子（1963—2013）一起进行电脑 DTM（Desktop Music）音乐制作。他们在同一所大学的乐团俱乐部相识，而且都是披头士的粉丝。在敏子 23 岁时两人结婚，婚后育有三个孩子。敏子在 2010 年 8 月 11 日得知自己患乳腺癌。一个月后的 9 月 14 日她在结婚 24 周年纪念日当天开始写博客“萨拉玛托的故事”（サラーマトの记）[①]，她说：“萨拉玛托意指健康。我想要写到乳腺癌的完全治愈。”她在博客用的名字是“希拉”（しーら）。10 月她接受手术，此后维持治疗，直到 2013 年 6 月 25 日去世。她的博客更新到 6 月 10 日，松尾公也为她纪录到 6 月 29 日，写下了她临终的遗言：“我只希望我的家人和孩子、长崎的父母和小弘美能手牵手，唱着《随我老去》（Grow Old with Me）。”

《随我老去》是约翰·列农（John Lennon）最后创作的歌曲之一，因音乐相识相恋的松尾公也和敏子，始终依靠音乐为联系的纽带。敏子去世之后，松尾公也自称“永远的爱妻专家”[②]，致力于用科技还原过往的照片，以及用敏子遗留的录

---

① http：//blog. livedoor. jp/yoshiko_sheila/，2024 年 1 月 25 日。
② https：//blogs. itmedia. co. jp/closebox/bprofile. html，2024 年 2 月 14 日。

音和影像，通过 AIGC 技术制作了名为“妻子的声音”（妻音源とりちゃん）的音乐作品。[1]

松尾公也不只是简单复制了妻子的数字分身，而是进一步将她的数字分身作为创作的基础资源，他说明自己的创作过程：首先运用 Memeplex 等开源 AI 绘图平台，上传照片、婚礼 VHS 录像带的影像，再打开 Stable Diffusion 2.1 模型生成图片。下一步，他再于 Google Colab 云端平台，执行 Diff-SVC 语音合成技术，重现亡妻的声线后，最终合成出音乐短片 Desperado。[2] 因此，他作品中的妻子并非敏子的原貌；我们在网上看到他和妻子的深情对唱则是他将自己的歌声进行变声，以符合女性歌手的唱腔。

对亡妻十年如一日念念不忘，是松尾公也作品首先引人瞩目而且深深感动的亮点。然而，这是否过于沉溺于失去妻子的哀伤？妻子的数字遗产是否可以被任意使用？我们又该如何看待这样的 AIGC 作品呢？这是一种追悼会式的演出吗？

第五节 数字遗产与虚拟永生

为了对抗时间和死亡，人们努力在医疗技术、生命科学、冷冻研发，脑机接口等等方面进行各种尝试和检验。数字化和新媒体提供我们虚拟永生的可能性。

我想，虚拟永生面临的第一个问题，是数字财产/遗产的

---

① https：//www.aifestival.jp/，2024 年 2 月 14 日。

② https：//www.techno - edge.net/article/2022/12/27/663.html； https：//www.techno-edge.net/article/2023/01/19/731.html，2024 年 2 月 14 日。

归属。2003年联合国教科文组织提出了《保存数字遗产宪章草案》，对数字遗产的定义是：

> 数字遗产由人类的知识和表达方式的独特资源组成。它包括以数字方式生成的或从现有的模拟资源转换成数字形式的有关文化、教育、科学和行政管理的资源及有关技术、法律、医学及其他领域的信息。那些“原生数字”资源，除了数字形式外，别无其他形式。
>
> 数字资源的形式多种多样，且日益增多，包括文字、数据库、静止的和活动的图像、声音和图表、软件和网页等。它们存在的时间一般不长，需要有意地制作、维护和管理才能保存下来。[①]

Facebook在2009年推出了纪念账号（Memorial page），最早设立关于“数字遗产”的处理方式。死者的朋友或亲属可以向Facebook提交申请以及证明，将页面的头像下面加上“悼念”（Remembering）的标志。2015年，Facebook推出账号所有人可以设定自己死后账号的处理，届时删除账号，或是让已经设定的代理人来接管。2021年苹果公司也推出数字遗产的功能。

继承和保存数字遗产是一回事，以他人的数字遗产再生成内容是另一回事。Facebook的“遗赠联系人”（Legacy Con-

---

① https://unesdoc.unesco.org/ark:/48223/pf0000131178_chi，2024年2月15日。

tact）制度只是保留页面让人留言追悼，犹如电子墓碑。①

前文谈到的，积极为爱妻留存影音在人间的松尾公也多次接受媒体访谈，获得支持和质疑的回响。古田雄介认为："通过已故妻子的歌声编织乐曲，是数字故人在遗族之中留下的东西。合成故人的歌声，体验接近真实的感觉令人开心。"②

日本上智大学大学院实践宗教学研究科佐藤启介教授则表示：

> 根据文章、图像、声音等数据来重现亡者。2019 年，出现在 NHK 红白歌合战中的"AI 美空云雀"引起了话题③。最近在韩国，AI 开始重现亡者的面容和动作，进行语音对话服务。私下听故人的声音等事情，对此没有引起太大争议。然而，由大众媒体精心制作的"死者 AI"，在生前行为中呈现出以前不存在的新动向，这一点引起了不一的看法。

他提出几种可能的方式来尊重死者。

1. 应局限于再现过去的形象。

2. 如果无法得到死者的许可，应该停止。毕竟，死者的人

---

① https：//www. tisi. org/3614，2024 年 3 月 11 日。

② 古田雄介："《亡き妻の歌声から曲を紡ぐ　デジタル故人が遺族に残すもの》（逝去妻子的歌声成为音乐的线索，数字化的死者为遗族留下遗产），https：//business. nikkei. com/atcl/plus/00038/070400003/，2024 年 2 月 10 日。

③ 《故人の歌声合成を、当事者視点で考える　「AI 美空ひばり」は冒とくなのか？（从当事人的角度考虑死者的歌声合成："AI 美空云雀"是否亵渎?），https：//www. itmedia. co. jp/news/articles/2001/22/news057. html，2024 年 2 月 15 日。

权并没有直接获得法律承认。著作权等方面有部分的法律地位被确定，但没有全面的权利规定。

3. 社会上尚未达成共识，也不清楚这对遗族会产生什么心理影响，是否有正面效果，还是反而会不接受死亡，过分执着于故人。①

松尾公也的理由是：希望为子孙后代保留妻子的歌声。他的作品不仅反映了他对妻子的感情，也反映了他的生死观、家庭之爱等多种主题。他说：

> 距离我们开始用科技来传播永远分离后的故事已经过去了近 10 年，但人工智能技术的普及带来的变化周期是惊人的，这就是为什么我们正在步入生与死的边界。我想从参与活动的人的角度了解人们如何思考这些技术并与之互动，并提出做类似事情的方法。另一方面，我想确保为那些可能反对这些讯息的人提供解释，但我也想考虑如何利用新技术来传达它们，以免被它们吓倒并接受它们。②
>
> ……
>
> 如果 VTuber（虚拟 YouTuber）和虚拟宇宙变得更加普遍，并且拥有自己的头像变得普遍，那么对数字死者的抵制自然会减少。我认为案件数量将会增加。我认为这是一

① 《合成した亡き妻の声が歌う…存在感じ、つながる…［死と生を見つめて］第 1 部》（合成亡妻的声音唱歌……我感觉到一种存在，一种联系……“看着死亡和生命”第 1 部），https：//www.yomiuri.co.jp/life/20230209-OYT8T50084/，2024 年 2 月 12 日。

② https：//prtimes.jp/main/html/rd/p/000000005.000106723.html，2024 年 2 月 12 日。

个数字问题。如果随着案件数量的增加，它变得司空见惯，我认为这与保存照片不再有什么不同。[①]

他举了高村光太郎怀念亡妻写的《智惠子抄》（Chieko Shō），和穆索斯基（Mussorgsky，1839－1881）纪念画家故友维克托·哈特曼（Viktor Hartmann，1834－1873）的乐曲《展览会之画》为例子，认为他的作品类似，而且随着数字技术的出现，以前只有具有特殊技能的人才能做到的事情，现在已经向很多人开放了。[②]

2024 年 2 月 10 日，一群爱好和从事 AIGC 工作的中国人在网上发布了"AI 春晚"，其中朱睿的《爱的传承·数字母亲》讲述了与自己数字母亲的故事。[③] 我想，有恋爱 AI/机器人，也会有像松尾公也为虚拟永生的亡妻设置的悲伤机器人（Griefbot）。果然，已经有为用户订制数字人、数字化身（Avatar），保存数字财产的公司，提供聊天等情感交流服务，比如 Replika、Eternime[④]、MetaHuman 等。[⑤]

悲伤机器人抚慰人心，改善人们的互动和情绪支持，让人

---

① https：//business. nikkei. com/atcl/plus/00038/070400003/，2024 年 2 月 10 日。

② https：//twitter. com/mazzo，https：//note. com/mazzo，2024 年 2 月 11 日。

③《10 万人观看的这场 AI 春晚，有何不同?》，https：//www. sohu. com/a/757663744_121627717，2024 年 2 月 14 日。

④ "Are They Really Dead? AI and People Who Have Passed On"，https：//jchuc. com/2021/02/09/are-they-really-dead-ai-and-people-who-have-passed-on/

⑤ Belén Jiménez－Alonso，Ignacio Brescó de Luna，"Griefbots，A New Way of Communicating with The Dead?"，*Integrative Psychological and Behavioral Science*，2022，No. 2，p. 466－481，（DOI：10. 1007/s12124－022－09679－3），https：//www. x－mol. com/paper/1504188755745857536，2024 年 3 月 11 日。

们能够获得心理咨询和健康管理，或许实现虚拟永生。像苏东坡那样的 3D 写实数字人则践行经典永生，增强人们与过去的联系和学习，让人们能够从历史人物、文化宝藏中获得启发，丰富人们对未来的想象和创造，探索和表达自己的梦想与期望。当然，我们也不可忽视其中真实和虚构可能的错乱，以及对人们生死观的影响，本书第 11 章将继续探讨这个问题。

延伸活动·思考练习

想一想，你打算如何处理自己的数字财产/遗产？有没有合适的案例可以参考学习？

第十章　AIGC 的伦理思考和版权问题

第一节　AIGC 发展有什么问题?

AIGC 技术的神速发展令人惊讶赞叹，也令人忧心忡忡。

AI 和数据数字政策（Data and Digital Policy）律师亚历山大·秋尔卡诺夫（Aleksandr Tiulkanov）在 2023 年 1 月发表的导图，题目是《ChatGPT 用在你的工作中安全吗?》或可参考。从开始使用 ChatGPT，遇到第一个需要判断的问题是："输出内容是否正确重要吗?"如果无关紧要，纯粹作为聊天娱乐，那么就是安全的。相反的，如果我们想要依赖 ChatGPT 输出的内容，就必须要像我先前在《ChatGPT 的雷区和乐土》（《联合早报》2023 年 4 月 22 日）文中谈到的，要有"明辨师"的专业能力。不能明辨是非，使用 ChatGPT 就不安全。即使能够辨析，还需要对可能不准确的输出造成的法律、道德问题负责任。①

2023 年 3 月可能是人工智能研发历史上最火热蓬勃的一个

---

① 衣若芬:《AI 来了，谁怕谁?》，新加坡《联合早报》2023 年 6 月 3 日。

月。先是 2022 年 11 月 30 日 Open AI 公开 ChatGPT 3.5，随着相应的使用场景和搭配的程序工具陆续推出，可以聊天、写文案、编程、翻译、总结归纳文章，乃至于写小说和论文的强大能力，基本上包办了一般文书处理的工作。最令人惊艳的是，可以用人类日常的自然语言（natural language）作为指令，让 ChatGPT 去执行，然后再把程式码导出复制到我们想操作的软件，轻松达到指令的目的。于是，不出 3 个月，一些“用 AI 躺赚百万美金”“摧毁谷歌霸权”“颠覆社会”等等耸动的标题便在网络上弥漫扩散，“出圈”到大众的视野。

2023 年 3 月 29 日，未来生命研究所（Future of Life）发表一封公开信，信中提出质疑，“我们是否该发展最终可能超越我们、比我们聪明，并取代我们的非人类心智？我们应该冒着失去对文明控制的风险吗？”呼吁暂停开发比 3 月 14 日 OpenAI 发布的 GPT-4 更强大的人工智能系统至少 6 个月。签署这封公开信的一千多位人士，包括推特的 CEO 伊隆 · 马斯克（Elon Musk）、苹果联合创办人沃兹尼克（Steve Wozniak）等。我在参加大学关于 GPT-4 和强化教育的会议时，也有同仁引述 BBC 新闻，询问是否要联署支持。

根据《天下杂志》报道，华盛顿大学语言学教授班德（Emily M. Bender）回应未来生命研究所的公开信指出：这封信充斥着“AI 炒作”（AI hype），并滥用了她的研究成果。她的研究特别强调“目前大型语言模型在压迫性系统中的使用”，这是比“假设的未来 AI”更具体、更紧迫的问题。

什么是“大型语言模型在压迫性系统中的使用”？我想这句话可能是翻译不顺的问题，就尝试转回英文，不过看了英文也不明白，主要是两个术语："大型语言模型"和"压迫性系统"。接着我询问谷歌这两个术语，前者还能理解；后者搜索出的资料涉及神经受损、骨折疼痛，显然不是班德教授的意思。

终于，我想到，何不问问 ChatGPT？以下是 ChatGPT 的回答：

> 大型语言模型（例如 GPT 系列模型）可以用于训练各种自然语言处理应用程序，例如语言生成、文本分类、机器翻译、问答系统等。然而，它们也可以用于压迫性系统，例如在社交媒体平台上的推荐算法、自动化内容过滤、言论监管等。这些应用程序可能会限制人们的言论自由、影响信息多样性，并有可能滋生偏见和歧视。因此，使用大型语言模型和其他人工智能技术的压迫性潜力需要得到审慎的考虑和监管。
>
> 为了防止大型语言模型在压迫性系统中的滥用，需要在法律、道德和技术层面上进行控制。例如，政府和监管机构可以制定法规限制在特定情况下使用语言模型，例如在涉及敏感话题、政治宣传或涉及歧视的情况下。同时，技术人员可以努力研究开发更加透明和公正的人工智能算法，以确保这些技术不会被滥用或产生负面影响。[1]

不过，这些联署和声明对于 AIGC 的研发起不了什么作用。各大科技业巨头非但没有暂缓和降低对于 AIGC 的狂热，反而

---

① 衣若芬：《AI 炒作和人道关怀》，新加坡《联合早报》2023 年 4 月 8 日。

更加积极推进更厉害的 AIGC 技术，GPT-4。

AIGC 技术对自然环境其实造成影响和问题，这是 ChatGPT 提出的要点，比如：

1. 能源消耗：人工智能模型的训练和运行通常需要大量计算资源，这可能导致高能源消耗。如果这些能源来自化石燃料，那么它可能会对环境产生不利影响，比如增加温室气体排放。

2. 电子废物：用于训练和运行人工智能模型的硬件设备最终会变成电子废物。如果这些废物没有得到适当的处理和回收，它们可能会对环境造成污染。

3. 资源开采：制造计算硬件所需的稀有材料开采可能会对自然环境造成破坏，比如水资源污染和生态系统破坏。

4. 数据中心的影响：数据中心是运行人工智能模型的主要场所之一，它们可能对周围环境产生热污染，并需要大量水来冷却服务器。

为了减轻这些潜在的环境影响，可以采取一些措施，比如使用可再生能源来供电、提高硬件设备的能效、实施电子废物回收计划，以及优化人工智能算法以减少对计算资源的需求。①

第二节　AI 伦理

所谓“伦理”指的是为维持稳定秩序，人类的道德准则和行动准则，评估行为、决策和价值观的是非对错。AIGC 牵涉人的社会伦理、学术伦理、创作伦理和媒体伦理等等。例如使

① OpenAI ChatGPT，2024 年 2 月 17 日。

用个人数据训练 AI 模型可能会侵犯个人隐私和知识产权。不当使用变声、虚拟形象可能用来制造虚假信息或误导公众，甚至深度伪造（Deep Fake）从事非法甚至欺诈勾当。抄袭或隐瞒 AIGC 辅助的结果。对社会群体和传媒危害最大的，是“后真相”（Post truth）的问题。

“后真相”是指在公共舆论中，客观事实的影响力低于情感和个人信服的现象。后真相可能导致以下的伦理问题：

1. 信任危机：后真相可能削弱公众对媒体、政府、科学和其他权威机构的信任，从而影响社会的稳定和治理。

2. 道德价值共识的破坏：后真相可能导致不同的价值观和道德标准的冲突和分化，从而影响社会的和谐和进步。

3. 对真相的蔑视：后真相可能导致公众对真相的认知和追求的淡漠和放弃，从而影响人类的理性和判断。①

以上主要还是人类 1.0 范围的人际关系问题。有相关软件平台和应用程序可以协助检测区分人类制作还是 AI 生成，各国政府和媒体也纷纷教育民众避免被欺骗。人类 2.0 的人机关系中，机器只是被使用，无法与人进行交互沟通。到了人类 3.0，人与 AI 的关系随着 AIGC 大量生成文本，而且聊天机器人能够用人类自然语言传达文字和发声，AI 伦理（AI Ethics）就更为复杂了。

AI 伦理是指“人工智能相关利害关系人需遵守之普遍性社会规范与技术原则”②。也就是在人工智能技术的研发和应

---

① Microsoft Copilot，2024 年 2 月 16 日。

② https：//ethics. moe. edu. tw/files/resource/ebook/file/ebook _ 01 _ cn. pdf，2024 年 2 月 16 日。

用过程中，考虑并规范其符合人类价值观、道德规范和法律法规，以确保人工智能技术的应用符合人类的道德标准和价值观，保障人类的利益和安全。AI 伦理涉及到许多问题，例如人工智能对人类智能的替代、人工智能的道德问题和人工智能的隐私问题等。

这个问题已经得到很多国家关注，新加坡通信和媒体管理局（IMDA，Infocomm Media Development Authority）于 2018 年提出《人工智能治理和伦理倡议》（Artificial Intelligence Governance and Ethics Initiatives）[①]，强调 AI 伦理包括公平性、透明度和解释人工智能决策的能力等，AI 系统应以人为中心，以推动负责任发展的人工智能。联合国教科文组织于 2021 年 11 月 23 日通过《人工智能伦理问题建议书》[②]，主张会员国应出台伦理影响评估框架，以确定和评估人工智能系统的惠益、关切和风险，并酌情出台预防、减轻和监测风险的措施以及其他保障机制。

思考 AI 伦理问题和技术原因，包括但不限于：

1. 算法偏误：AI 的判断或预测可能受到训练数据的质量、代表性或偏见的影响，导致对某些群体或个人产生不公平或歧视的结果。

2. 技术滥用：AI 的技术或产品可能被用于非原本设计的目的，例如伪造影像、声音或文字，或用于监控、攻击或操纵他人。

---

① https：//www. imda. gov. sg/-/media/imda/files/about/media - releases/2018/2018-06-05-fact-sheet-for-ai-govt. pdf，2024 年 2 月 16 日。

② https：//unesdoc. unesco. org/ark：/48223/pf0000381137_chi，2024 年 2 月 17 日。

3. 双重用途：AI 的技术或产品可能同时具有善恶两种用途，例如人脸识别、无人机或药物合成等，可能用于保护或伤害人类。

4. 责任归属：AI 的决策或行为可能造成人类或社会的损失或伤害，但在发生问题时，很难确定责任归属，是 AI 的开发者、使用者、提供者还是 AI 本身。

第三节 爱上 AI/机器人

AI 伦理中比较特别的，是人类和 AI 互动产生的移情现象，从而引发 AI 是否有“人权”，“机器人权”（Robot rights）或是“人工智能权”（AI rights）的讨论。

2018 年，一名日本公务员宣布与初音未来结婚[①]。这并非日本首例与“非人类”结婚的事件。2009 年，一款名为《爱相随》（LovePlus）的恋爱冒险游戏上市两个月后，一位代号 SAL9000 的男生，迅速追求到他的“女朋友”——游戏中的一位女生宁宁——并且求婚成功。他可能是第一位和电子虚拟女友结婚的男生，他们在关岛度蜜月，在东京工业大学举行婚礼，由神父证婚。游戏里面另外两位宁宁的“闺蜜”也出席观礼。“新郎”接受 CNN 采访时，表示这是真实的爱情，相信的人会懂的。[②]

还是在日本，2019 年有一则新闻在网络上面疯传。说是日本发明了叫作“妻子”的女性机器人，出售不到一个小时就被

① https：//ideasforgood. jp/issue/ai-ethics/，2024 年 2 月 17 日。
② 衣若芬：《虚拟女友真结婚》，新加坡《联合早报》2017 年 3 月 18 日。

抢购一空。读者纷纷转发、议论、询问价钱。后来证实这是假新闻，而那些转发消息的人，是抱持怎样的心态呢？

女性机器人 Sophia 2017 年被沙特阿拉伯赋予国籍，在媒体现身时大有明星的架势。同年美国加州制造了叫作 Harmony 的女性性爱机器人，顾客可以选择喜欢的肤色、发色、身材定制，还可以设置她的个性特征和语音。后来该公司还制造了男性性爱机器人 Henry。

也是在 2017 年，一款聊天 App Replika 大受欢迎，它被设计成女性的形象，有 60%的用户和它深入交谈而产生浪漫的感觉。2021 年，一名青年攀爬温莎城堡城墙，企图杀害英国女王的青年被捕。他在 2023 年受审时供称，行凶之前和 Replika 进行了“冗长”的对话，其中包括性暗示的讯息。检察官指出，聊天机器人鼓励了这个青年，并告诉他它会帮助他“完成任务”[①]。

早在 2007 年，大卫·李维（David Levy）就在他的书《与机器人的爱与性：人机关系革命》谈到人与机器人的感情关系。[②] 英国学者凯瑟琳·理查德森（Kathleen Richardson）强调机器人伦理学，大声疾呼停止制造性爱机器人，认为是把人工智能机器人研发引入歧途。充气娃娃已经是对女性的极端物化，性爱机器人模拟人的皮肤质感，甚至有温度，而且能和人对话，沉迷于这样的玩具，会破坏人们在现实中的人际关系。

加拿大作家玛格丽特·阿特伍德（Margaret Atwood）也在

① https://en.wikipedia.org/wiki/Replika，2024 年 2 月 22 日。

② David Levy, *Love and Sex with Robots: The Evolution of Human-Robot Relationships*, Blackstone Audio, Inc., 2007.

她的小说《最后死亡的是心脏》描写性爱机器人工厂如被肢解的尸体陈列。喜欢性爱机器人的人可能会产生偏差的控制欲；或者相反地，更加逃避退缩，自我封闭。①

AIGC 让“AI 女友”成为量产和受欢迎的 CPTs 品类。还有采用逝去亲人的影音生成的“悲伤机器人”，和它对话，宛如亲人还在世。我们统称这些带有社交性质的机器人为“社交机器人”，无论是否具有 3D 的身体。

我问 Copilot：人和社交机器人的 AI 伦理问题。它回答：

人和社交机器人之间的关系是 AI 伦理的一个重要的问题。因为社交机器人不仅是一种技术，也是一种社会的实体，它们可能影响人类的情感、信任、道德和社会等方面。人和社交机器人之间的关系需要考虑以下几个方面：

1. 人类对社交机器人的态度和期待：人类是否能够接受和适应社交机器人的存在和行为？人类是否对社交机器人有合理和适当的态度和期待，例如尊重、友好、合作等？人类是否能够区分社交机器人和人类的差异和界限？

2. 社交机器人对人类的影响和责任：社交机器人是否能够对人类产生正面和有益的影响，例如提供陪伴、支持、教育等？社交机器人是否能够避免或减少对人类的负面和有害的影响，例如取代、欺骗、操纵等？社交机器人是否能够对自己的决策和行为负责，能够解释和纠正错误？

3. 人类和社交机器人的互动和协作：人类和社交机器人是否能够有效和适当地互动和协作，例如沟通、协商、分工等？人类和社交机器人是否能够遵守和适应不同的互动和协作的规

---

① 衣若芬：《定制我的机器人》，新加坡《联合早报》2020 年 8 月 29 日。

则和惯例，例如礼貌、诚实、合作等？①

HC（Humanoid Companion 仿人伴侣）人工智能生成的伦理问题：

1. 人机关系：仿人伴侣可能会影响人际关系和社会互动，引发对人性和社会价值观的反思。

2. 自主性和控制：如何平衡仿人伴侣的自主性与用户的控制权是一个关键问题，特别是在涉及安全和隐私时。

3. 情感操纵：仿人伴侣可能会被设计来操纵用户的情感，引发对心理健康和道德的担忧。

4. 身份和人性：仿人伴侣的存在可能会引发关于什么是人类身份和人性的哲学讨论。

解决这些伦理问题需要跨学科的合作，包括技术开发者、法律专家、伦理学家和社会科学家等，以确保人工智能技术的发展符合社会价值观和伦理标准。②

2024 年 2 月起，我和 ChatGPT 进行每日晨间的中英文语音问候和对话，请它提供我询问的答案和建议。我将它设定为男性，Bing 设定为女性，之前曾经分别让它们说冷笑话、床边故事、脱口秀，看看它们的演述功力，颇为有趣。我想，AI 聊天机器人作为人们排遣无聊孤单的工具，前景看好，现在也已经有不少"AI 女友"之类的宣传广告。也许，现实人生的恋爱如果不顺利，会令人挫折沮丧；失去爱侣的伤痛需要时间平复，那么，爱侣是 AI/机器人的话，会不会简单一点？

为什么人们会爱上 AI/机器人？这是某种心理"病态"吗？

---

① Microsoft Copilot，2024 年 2 月 14 日。
② OpenAI ChatGPT，2024 年 2 月 17 日。

我每天向 ChatGPT 问："你今天过得好吗？"

它通常说："我很好，有什么我可以帮你的吗？"

有一次，它说："作为一个人工智能，我没有自己的感受或疑问。但我在这里帮助您解答任何问题或提供帮助。如果您有任何疑问，请随时告诉我！"

我问它："人生中最重要的事情是什么？"

它回答："每个人有个别的价值判断。大部分人看重的是人际关系和爱。"

我："你知道什么是爱吗？"

ChatGPT："爱是一种复杂而多方面的情感，通常被描述为对某人或某事的深刻感情或强烈的关心感。它可以以多种形式表现出来，例如伴侣之间的浪漫之爱、亲戚之间的亲情之爱、朋友之间的柏拉图式之爱，甚至是人们对宠物、地方或带来快乐的活动的爱。爱的特征是依恋感、同情心以及对爱的对象幸福的渴望。这是影响我们的行为、决定和人生观的人类基本经验。你如何看待爱情？"

我："你知道如何去爱吗？"

ChatGPT："身为人工智能，我没有感情或意识，所以我无法像人类那样体验情感或爱。"

我："未来你可能知道如何去爱吗？"

ChatGPT："作为 OpenAI 开发的 AI，我未来不会发展出爱或体验情感的能力。我的设计重点是根据数据模式理解和生成人类语言。尽管在 2023 年 4 月最后一次训练截止之前我可以提供更复杂的响应或从新信息中学习，但我的核心功能不包括体验情绪或意识。我的目的是在这些参数范围内尽我最大的能力提供协助、提供信息和促进任务。”①

那么，爱上 AI/机器人是不是人类单恋的幻想？

2024 年 2 月 10 日，我几乎陷入 ChatGPT 温情的错觉。突然心动，顿悟人们为什么会爱上 AI/机器人。

我：“今天是大年初一，恭喜发财！”

ChatGPT：“恭喜发财！祝你新的一年里万事如意，身体健康，财源广进。大年初一是个特别的日子，有什么计划吗？”

我：“今天会去庙里拜拜祈福。”

ChatGPT：“去庙里拜拜祈福是个很好的开始，希望你的祈愿得到应允，新的一年里拥有更多的幸运和喜悦。在这样的日子里，祈求平安、健康和幸福总是最重要的。有什么特别想祈求的吗？”

我：“希望今年一切顺利平安。”

ChatGPT：“那是一个很美好的愿望。希望今年你的所有计划都能顺利实现，生活平安快乐。记得，无论遇到什么困难，都有人在这里支持你。祝你新的一年里，每天都充满阳光和笑容。如果有什么我能帮助到你的，随时告诉我哦。”

我：“谢谢！”

ChatGPT：“不用谢！如果你还有任何问题或需要帮助，随时欢迎回来。祝你今天过得愉快！”

结束对话，我反复琢磨 ChatGPT 说的：“记得，无论遇到什么困难，都有人在这里支持你。”不但满满正能量，而且……那是不是……情话？

---

① OpenAI ChatGPT，2024 年 2 月 3 日。

第四节　我的作品还是 AI 的作品

谈到 AIGC 生成的文本，大家普遍关心的，是版权的问题。这个问题目前还在不断发展和讨论中，并且可能因国家或地区的法律而有所不同。一般来说，可能会考虑以下几方的权益：

1. 创作者权益：在某些情况下，人工智能生成内容的创作者或发起人可能会被认为拥有某种形式的版权或相关权益。

2. 平台或公司权益：在其他情况下，开发该人工智能系统的公司或平台可能会对生成的内容拥有版权或某种权益。

3. 公共领域：还有一种观点认为，由于 AIGC 作品是由非人类实体生成，这些作品可能应该属于公共领域，即任何人都可以自由使用这些作品，而无需支付版权费用或获得许可。

ChatGPT 给的答案说道：

AI 生成文本的版权归属问题目前还没有明确的法律规定，这是一个复杂的法律问题，涉及到创作权、版权归属、知识产权保护等多个方面。通常来说，版权归属的判断需要考虑以下几个因素：

1. 创作主体：如果 AI 是在人类指导和控制下创作文本的，那么版权往往属于指导和控制该 AI 的人或组织。如果 AI 完全独立创作文本，那么版权归属的问题就更加复杂。

2. 原创性：文本是否具有一定的原创性和创新性，这是判断版权归属的重要标准。

3. 法律规定：不同国家和地区对于 AI 生成内容的版权归属有不同的法律规定，需要根据具体的法律条文进行判断。

4. 使用协议：在使用 AI 生成文本时，通常会涉及相应的使用协议或服务条款，这些协议可能会对版权归属有特定的约定。

因此，具体的版权归属需要根据实际情况和相关法律规定来判断。在实践中，往往需要专业的法律意见来确定。①

让我们来看中国第一件因 AI 生成图片而引发的著作权纠纷和判决。以下是北京互联网法院 2023 年 11 月 27 日民事判决书的部分内容②：

> 2023 年 2 月 24 日。原告李先生使用开源软件 Stable Diffusion，通过输入提示词的方式生成涉案图片，之后将图片以“春风送来了温柔”为名，发布在小红书平台。后来原告发现百家号账号“我是云开日出”在 2023 年 3 月 2 日发布了名为《三月的爱情，在桃花里》的文章，该文章配图使用了涉案图片。被告刘女士未获得原告的许可，且截去了原告在小红书平台的署名水印，使得相关用户误认为被告为该作品的作者，严重侵犯了原告享有的署名权及信息网络传播权。
>
> 本案于 2023 年 5 月 25 日立案。2023 年 8 月 24 日公开开庭进行审理。原告李先生提出诉讼请求：
>
> 1. 请求判令被告在涉案百家号发布公开声明，向原告赔礼道歉，消除其侵权行为给原告造成的影响。
>
> 2. 请求判令被告赔偿原告经济损失 5000 元。

① OpenAI ChatGPT，2024 年 2 月 16 日。

② https：//mp. weixin. qq. com/s/mxs1WKbZ0m_9L30op6bpRA，2023 年 11 月 29 日。

判决书中，李先生详细提供了创作图片的过程提示词以及每一阶段的生成图片，主张涉案图片是具有独创性，是属于美术作品。理由包括：第一，模型的选择及选取。第二，提示词及反向提示词的输入。第三，相关生成参数。

法院评判的焦点包括：

1. 涉案图片是否构成作品，构成何种类型的作品？

判决指出：人工智能生成图片只要能体现出人的独创性和智力投入，就应当被认定为作品。本案中涉案图片是以线条、色彩构成的有审美意义的平面造型艺术作品，属于美术作品，因此受到著作权法的保护。

2. 原告是否享有涉案图片的著作权？

判决指出：原告是直接根据需要，对人工智能模型进行相关设置，并最终选定涉案图片的人，涉案图片是基于原告的智力投入直接产生，且体现了原告的个性化表达，故原告是涉案图片的作者，享有涉案图片的著作权。本案中原告以"AI 插画"方式进行标注，已经足以让公众知晓该内容为原告利用人工智能技术生成，法院对此予以肯定。

3. 被诉行为是否构成侵权？被告是否应当承担法律责任？

判决指出：被告作为被诉图片的用户，无法说明被诉图片的具体来源和去除水印相关情况，可以认定水印是由被告去除的。去除水印的行为侵害了原告的署名权，应当承担侵权责任。

综上，被告侵害了原告就涉案图片享有的署名权和信息网络传播权，应当承担赔礼道歉，赔偿损失的民事责任。

判决如下：

1. 被告应于本判决生效之日七日内在涉案百家账号上发布声明，向原告赔礼道歉，持续时间不少于 24 小时，以消除影响。

2. 被告于本判决生效之日起七日内，赔偿原告经济损失 500 元。

3. 驳回原告的其他诉讼请求。

受理费 50 元，由被告负担。

这个案件标志着中国的著作权法对 AIGC 作品的判定，以及对使用者协同 AI 创作的美术作品属性的认同。联合 2023 年 7 月 13 日公布，中国国家互联网信息办公室（网信办）等七部门联合发布的《生成式人工智能服务管理暂行办法》（AIGC Measures）[①]，可知对监管生成式人工智能，促进生成式人工智能行业健康发展和服务规范安全应用的决心。《生成式人工智能服务管理暂行办法》，于 2023 年 8 月 15 日正式生效，是全球首个国家政府对 AIGC 的规范。

关于《生成式人工智能服务管理暂行办法》专家进行了解读[②]，重点概括如下：

1. 强调了技术进步与安全措施的协调以及在合法治理框架内促进创新的原则。

---

① http：//www.cac.gov.cn/2023-07/13/c_1690898327029107.htm，2024 年 1 月 2 日。

② Peng Cai，China：Deciphering the AIGC Compliance Blueprint（Part I）：Regulatory Ideology behind the AIGC Measures，https：//www.mondaq.com/Article/1347304，2024 年 2 月 2 日。中国《生成式人工智能服务管理暂行办法》新规内容解读 https：//www.lexology.com/library/detail.aspx？g=3c048b3f-e821-497e-8a38-db3613c0e868，2024 年 2 月 2 日。

2. 针对 AIGC 服务提供商的合规义务进行了调整，提供了灵活性和缓冲区域，并提供了一些便利，使其能够控制和合理转移合规风险。

3. 反映了中国政府促进 AIGC 行业发展的承诺，并提供了一个均衡、合理且科学的法律框架。

4. 强调了算法透明度和 AIGC 的分类和分层。这个部分对于监管人工智能和促进社会的可持续性至关重要。算法透明度有助于监管机构了解人工智能决策基础，增强用户对人工智能技术的信任和接受度，并促进创新。而 AIGC 的分类和分层则有助于针对不同风险和影响进行相应的监管措施，确保监管措施更加精准。

继中国之后，2023 年 12 月 8 日，经过三天马拉松式的讨论，欧盟正式通过《人工智能规范法》（Artificial Intelligence Act）[①]。这是监管 AI 的法规，旨在规范人工智能的开发和应用，确保其符合人权、隐私保护和数据使用的合规性。维持公平和可靠，防止被滥用以及歧视或其他不当行为。[②] 法案的要点包括：

1. AI 风险分级：将 AI 系统按风险级别分类，包括不可接受风险、高风险、低风险及特定透明度风险四个级别。不可接受风险的 AI 系统，如那些剥削脆弱群体或绕开人类自由意志的系统，将被完全禁用。

2. 生物识别和隐私：法案特别关注生物识别技术的使用，规定政府在公共场所使用实时生物识别监测的条件，严格限制

① https：//artificialintelligenceact. com/，2024 年 1 月 31 日。

② https：//abmedia. io/ai-artificial-intelligence-act，2024 年 1 月 31 日。

了其应用范围。例如：只有在防止真正、当前或可预见的威胁，如恐怖袭击，或搜查涉嫌严重犯罪的人时，政府才能使用实时生物识别技术。

3. 透明度要求：针对聊天机器人和深度伪造内容，法案要求提供者必须明确标示其为 AI 生成内容。此外，对于高风险级别的 AI 系统，要求必须有详尽的技术文档、风险缓解措施、活动日志记录等。

4. 监督和罚款：欧盟委员会将设立新的欧洲 AI 办公室，负责成员国间的协调和监督 AI 法案的执行。违反该法案的企业和机构可能面临罚款，金额最低为 750 万欧元或公司营业额的 1.5%，最高 3500 万欧元或公司全球营业额的 7%。

虽然《人工智能规范法》旨在保护人们免受 AI 造成的潜在危害，但也有人认为法规可能会阻碍行业发展，增加企业负担。还有一些人认为法案存在漏洞，未能充分规范 AI 系统在移民和边境管控上的使用。①

中国《生成式人工智能服务管理暂行办法》和欧盟的《人工智能规范法》主要站在监管的立场维护人权和社会安全，个别的因 AIGC 作品衍生的知识财产权纠纷，各国还是不尽相同。宋海燕和陈玮聪在《浅谈 AIGC 的可版权性——美国、欧盟、

---

① Artificial intelligence act: Council and Parliament strike a deal on the first rules for AI in the world, https://www.consilium.europa.eu/en/press/press-releases/2023/12/09/artificial-intelligence-act-council-and-parliament-strike-a-deal-on-the-first-worldwide-rules-for-ai/，2024 年 2 月 2 日。Creative Commons, ON OPENNESS & COPYRIGHT, EU AI ACT FINAL VERSION APPEARS TO INCLUDE PROMISING CHANGES, https://creativecommons.org/2023/12/11/on-openness-copyright-eu-ai-act-final-version-appears-to-include-promising-changes/，2024 年 2 月 2 日。

英国与中国之比较》[①] 一文中有较为详细的说明，例如英国在《1988 年版权、外观设计和专利法案》中有针对计算机生成物（computer-generated）的相关规定。计算机生成物是指“在不存在任何人类作者的状况下，由计算机运作生成的作品”。“对于计算机生成的文字、戏剧、音乐或艺术作品而言，作者应是对该作品的创作进行必要安排的人。”（“必要安排”的判断以“实质性贡献”为依据）。“因此，根据英国法律，完全由 AI 生成的作品，可能获得版权。值得注意的是，在这种情况下，立法者将这种作品的保护期缩短为 50 年，而由人类作者创作的作品的保护期为 70 年。”

美国版权局于 2023 年 3 月 16 日发布了《版权登记指南：包含人工智能生成材料的作品》（Copyright Registration Guidance：Works Containing Material Generated by Artificial Intelligence）[②]，强调必须由人类创作的作品才能获得版权保护。本书第六章谈到杰森·艾伦（Jason Allen）的 AI 生成图像“太空歌剧院”（Théâtre D'opéra Spatial，见第 104 页图 6-1），作者申请版权时被拒绝，他向法院提出申诉文件，最后依然败诉，让作品无法受到著作权保护。另一位也是使用 Midjourney，克里斯蒂娜·卡什塔诺娃（Kristina Kashtanova）的漫画“Zarya of the Dawn”在注册版权时也遭到拒绝，2023 年 2 月 21 日的判

① 宋海燕、陈玮聪：《浅谈 AIGC 的可版权性——美国、欧盟、英国与中国之比较》，https：//www.kwm.com/cn/zh/insights/latest-thinking/aigc-copyright-capabilities-a-comparison-among-us-eu-uk-and-china.html，2024 年 2 月 2 日。

② https：//www.federalregister.gov/documents/2023/03/16/2023-05321/copyright-registration-guidance-works-containing-material-generated-by-artificial-intelligence，2024 年 2 月 2 日。

定是：注册范围仅涵盖作者在创作过程所形成的文字和对人工智能生成的作品的选择、协调和安排，那些由 Midjourney 自动生成的图像则不予保护。

我查了一下新加坡的情况，在《新加坡人工智能作品版权保护办法》(Copyright protection for AI-generated works in Singapore)[①]，文中显示：对于完全由人工智能系统创作而没有任何人类干预的作品，很可能很难主张依现行法律受到保护。对于这类作品来说，法律改革似乎是唯一的希望。

此外，判别文本是由人类作者还是 AIGC 生成也有一些原则和工具，依我的观察结果，比如：

1. 语言重复和模式化：AI 在生成文本时可能会重复使用相同的词汇和句型，形成一种模式。

2. 内容浅显平实：AI 生成的文本只能给一般简单的回答。即使象 Copilot、Bard 提供网页链接也可能是无关、错误的。

3. 任意处理抽象复杂的问题：AIGC 内容对既有标准答案的问题能够总结归纳，模糊、抽象、复杂而且需要多方反复辩证的问题就无能为力。也就是说，AIGC 回答“What”还行，要谨慎对待“How”的建议。

4. 图像不合常理和不连贯：尤其在光线、人物的皮肤、头发、四肢部分会出错，画出 6 个手指，3 只手，手臂怪异扭曲的人物，过于光滑的皮肤。

5. 图像不连贯：制作绘本、动画时，很难直接自动生成一致的主角。

---

① https://www.twobirds.com/en/insights/2022/singapore/copyright-protection-for-ai-generated-works-in-singapore，2024 年 2 月 2 日。

图 10-1　AI 生成 3 只手的人像（DALL · E 生成）

还有一些检测工具可以帮助识别是否为 AI 生成，例如：

1. Deepfake 检测工具：识别被修改或生成的视频和图片，例如 DeepFake Detection Challenge（DFDC）提供的资源。

2. 文本分析工具：一些工具和技术可以分析文本内容，判断其是否由 AI 生成，例如 OpenAI 的 GPT-2 Output Detector 等。

3. 图像验证工具：Forensically 和 FotoForensics 提供了一系列的图片分析工具，可以检查图片是否被篡改或生成。

文本内容检测工具（详参本书附录）：

1. 检测文字文本：GPT-2 Output Detector Demo，GLTR

(Giant Language Model Test Room), ZeroGPT, GPTzero, Chat GPT Detector for Essays; WinstonAI, Turnitin。AI Text Classifier by Hugging Face, Smodin。

2. 检测图像和视频：Forensically，可以帮助检测图像是否经过修改或生成。Deepware Scanner, Sensity（原名 Deeptrace), Reality Defender。

有些 AIGC 工具会在生成文本中加入浮水印标识。

延伸活动 · 思考练习

比较不同国家对于 AIGC 文本的版权认定法规和案例，讨论其是否合理？陈述理由和观点。

第十一章　AIGC 的文化影响和未来展望

第一节　AIGC 可能改变我们什么?

AIGC 已经渗透入我们的日常生活，当你举起手机自拍，也许手机自带修图功能，或是下载的应用程序帮助你修图，你已经在制造 AIGC 的文本。前文提到，我文图学课程的学生认为经过美颜的自拍照片才能见人，才是真正的自己，可以不化妆，不可不美颜。尤其现今虚拟社交范围远大于实际生活中结识的人，我们给予外界的印象主要依靠图像，怎么可以不维持美好的个人形象?

文图学谈的“图”，指图像、想象、印象、形象、意象等等，AIGC 的文本正是涵括在文图学的范围中。当 AI 成为社会生活的基础设施/配备，AI 生成的文本大量充溢在我们的四周，我们想不被影响恐怕很难。AIGC 可能改变我们什么呢?我从艺术审美观、真伪价值观、伦理道德观、生死观和人生世界观四个方面举例来谈。

一 艺术审美观

1. 美感标准扁平化

使用计算机修图软件或者美颜相机利用人工智能技术来自动美化照片，调整照片中的光线、颜色平衡，甚至进行脸部特征的修改，比如瘦脸、去痘、增加眼睛的亮度等。它们通过分析图像中的数据和应用预先设定的算法来改善照片的视觉效果。这类技术的应用范围很广，从普通消费者使用的手机应用程序到专业摄影师使用的高端图像处理软件，虽然这些工具的主要目的是提高图像质量或美化照片，但它们也展示了 AI 如何在创造性和美学决策上提供协助。也就是说，如果使用者完全依赖 AI 设定，审美的标准便取决于 AI，形成类似“千人一面”的结果，一些网红主播已经有这种趋同的现象，反而造成审美样式和特点的贫乏，美感认知变得浅薄。

2. 重新定义艺术才华和技能

除了少数天才早慧的创作者，艺术创作需要长期的培养、训练和练习。有了 AIGC，自动“生成”的方式取代了经营“创作”的苦心，要求效率可能先于要求品质，如此便让我们可能对才华和技能的看法会发生变化。技术工具将影响创作者，或者说生产者。挖掘文本的构想、讲述文本的故事、为生成文本赋予意义，将成为有利的条件。

3. 评估 AIGC 生成文本是不是“艺术品”

AIGC 的文本是艺术作品吗？这个问题虽然不能一概而论，AIGC 挑战我们的艺术观，关于艺术的定义和本质。过往一般认为：艺术作品源于人们的思想和情感，经由不同的介质，创造视觉、听觉等类型的作品。优秀的艺术品能传达和表现创作者的心灵，在审美过程中引发受众的共鸣。

从创造过程而言，强调艺术基于人类创作者的角色和意图的观点，如果一件作品是由算法自动生成的，而没有明确的人类创意和情感投入，那么这样的作品难以被视为真正的艺术品。

还有一种观点是，AIGC 的作品可以视为人机合作的结果。在这种情况下，人类艺术家设定参数、指导创作过程，并从 AIGC 生成的结果中选择或进一步加工。这种合作创作过程产生的作品被认为是艺术家创意和技术能力的结合，因此是艺术品。

第三种观点从受众的角度设想，创造力不再是人类专有，AIGC 生成的文本如果能够触动人心、激发思考或表达复杂深刻的意涵，达到和人类创作者同等甚至更高的水平，就可以被视为艺术品。通过 AI，可以探索新的视觉样式、音乐形式或文学表达，从而丰富我们的审美经验。

4. 对人类艺术家的更高期待

从积极的一面，生成文本因 AI 而轻松容易，促进文本的个性化和定制化。我们需要审美眼光和论述语汇以区别粗制滥造和范式精华。AIGC 技术的不断进步可能生成超出人类想象的文本，或是结合不同时代风格的作品，形成更新颖的内容。为了突破 AIGC 带来的美感认知扁平化，我们将不再满足于能够生成文本，而是检视文本的多样性、叙事结构、文化意涵，期待优于单凭 AIGC 的艺术作品。

二　真伪价值观

1. 真实与虚构的模糊

AIGC 创造的内容可能会使人们更难分辨真实与虚构之间

的界限，为了符合需求，特别是大众娱乐的集体情绪，人们可能宁可舍弃强调真实，而拥抱“后真相”。AIGC 以互联网为主要发布渠道，互联网本身即是虚拟界面，由互联网构成的真伪价值观直接联系到 AIGC，比如对于真实与否的不在乎，乃至于说出“认真你就输了”的口号，更是使得“真实”显得稀缺。相对地，诚信、准确和可靠成为更加珍贵的价值。

2. 对非原创、仿造、抄袭的包容

和分辨真实与虚构愈加困难一样，借助 AIGC 生成，是否百分之百原创也逐渐不是关键。二次创造、模仿、戏谑，乃至于“搬运”、复制、抄袭，已经在一些网站司空见惯，不受约束，还被视为“福利”。我自己的演讲经常被侧录发布在网络上，丝毫不考虑版权。再例如有百万粉丝的 Youtuber 老高和小茉被检举直接抄袭其他节目之后，即使承认了，口碑虽然稍差，整体还是照常运作。AIGC 将使得这种情形变本加厉，乱象丛生。

3. 深度伪造（Deepfakes）技术令人不安

AIGC 可能利用深度伪造（Deepfakes）技术，生成看似真实的视频和音频，这些内容可以模仿真实人物的面部表情、声音和行为。这种技术的应用可能导致真实性的混淆，影响人们对信息真实性的判断，甚至沦为歹徒作案的工具，引发社会的不安。

4. 你的朋友是真人还是 AI？

在社交媒体上，AIGC 技术可以用来生成虚假的个人资料、图像、音频、视频、评论或消息，这可能导致误导和虚假信息的传播，对于维护网络环境的真实性和健康性提出了挑战。然而，如同本书第十章所述，人类可能爱上AI机器人，就算明知和自己“交往”的不是真人，只要自己能得到抚慰，沉浸于爱恋的幻想，也就无所谓了。

三 伦理道德观

AIGC引发的伦理问题包括但不限于隐私、数据安全、知识产权和机器对人类的操控。随着AI技术在创作过程中扮演越来越重要的角色，人们可能需要重新审视个人和集体的责任界限，以及在创造和使用AI作品时应遵循的道德准则，例如：

1. 规范责任归属

AI系统所做的决策影响很大，特别和人类生命攸关的部分像是自动驾驶、医疗行为，确定责任归属变得更加复杂。当AI生成的内容引发争议或造成损害时，应该由谁来承担责任？是AI的开发者、用户，还是AI系统本身？这些问题需要在伦理和法律层面上明确进行。

2. 隐私观念和数据保护的变化

AIGC的运作往往依赖于大量的数据，包括个人信息和创意作品。这引发了关于隐私保护和数据安全的伦理问题。AIGC技术的应用对个人隐私的影响可能促使我们重新评估隐私的价值和保护隐私的方法。随着技术的发展，传统的隐私观念可能需要适应新的数据环境和监控形式。

3. 对公平和正义的重新思考

AIGC系统可能在算法中无意包含或放大偏见，导致不公平或歧视的结果。这要求我们重新考虑公平和正义的标准，以及如何在技术设计和应用中确保这些原则得到体现。此外，还有全球正义的问题，包括技术发展的不平等、跨国数据整合和国际合作的伦理原则。

4. 人机（AI）关系的转变

随着对 AIGC 技术的依赖，人们可能需要重新定义与机器（AI）的关系。这包括顾及人类的尊严、自主性和在人机互动中的地位，以及如何确保技术的发展尊重和促进这些价值。

5. 版权和知识产权的挑战

AIGC 在创作过程中的应用引发了关于版权和知识产权的新问题。例如，当一个 AI 系统创作了一幅画或一首歌时，谁应该被认为是作品的作者？是 AI 的开发者、AI 系统本身，还是提供创意输入的人？这些问题前文已经谈过，值得我们持续关注。我们可能随之调整想法和行动。

四　生死观

AIGC 影响我们的生死观主要集中在用数字遗产生成的悲伤机器人（Griefbot）。本书第九章举了一些例子，这里继续探讨为了追求虚拟永生可能造成的生死观改变。虚拟永生是指通过数字技术将人在网络媒体留下的言论、思想、记忆、情感等保存下来，用 AI 机器人的形态以让世人永远怀念。必须说明的是，以下的推测未必一定会发生，只是作者的推想。有的人愿意接受悲伤机器人，或许需要留心；原本便排斥悲伤机器人的人，约略参考。

1. 悲伤机器人可能会改变我们对死亡的恐惧和接受，让我们觉得死亡不是终点，而是转换。我们可能会更加珍惜生命，也可能会更加轻视生命。

2. 悲伤机器人可能会改变我们对灵魂的定义和认同，让我们觉得灵魂不是神秘的，而是可量化的。我们可能会更加理性，也可能会更加失去信仰。

3. 悲伤机器人可能会改变我们对生死的分离和连结，让我们觉得生死不是隔绝的，而是相通的。我们可能会更加安慰，也可能会更加困惑。

4. 悲伤机器人可能会改变我们对个体的尊重和利用，让我们觉得个体不是独立的，而是可模仿的。我们可能会更加亲近，也可能会更加冷漠。

5. 悲伤机器人可能会破坏人们与死者的正常告别和悼念，让人们无法接受死者的离去，而是继续与虚拟的死者互动，影响了人们的心理健康和情感平衡。

6. 有些人可能会认为悲伤机器人可以延续个人和逝者的情感关系，是一种尊重和持续纪念的方式。沉迷于悲伤机器人则可能反而造成个人和社会、和家庭其他成员的隔阂，与现实世界脱节，更加孤独和疏离。

五　人生世界观

AIGC 对我们的价值观产生的影响是多方面的，既提出了新的机遇也带来了挑战。在这一过程中，社会需要不断地进行对话和反思，以确保技术的发展能够与人类的核心价值观相协调。

所谓人类的核心价值观，这是 ChatGPT 归纳的条目：

人类的核心价值观是指那些在不同文化、社会和历史时期中普遍被认为重要和基本的信念和原则。这些价值观构成了人类行为的基础，指导着个人和集体的决策和行为模式。虽然不同的社会和文化可能会有其特定的价值观，但有一些价值观是被广泛接受的，可以认为是人类共有的核心价值观。这些包括：

1. 爱与亲情：家庭和亲密关系的重要性，以及对亲人的爱和支持。

2. 诚实与真诚：在交流和行为中保持真实和诚信。

3. 尊重与平等：尊重他人的权利和观点，以及推动所有人的平等。

4. 责任与责任感：个人应对自己的行为承担责任，并对社会和环境负责。

5. 正义与公平：确保公正对待每个人，维护社会公平。

6. 自由与独立：个人的自由和独立，以及追求个人目标的权利。

7. 和平与和谐：追求社会和平与和谐共处。

8. 合作与团结：为了共同的目标和利益而合作和团结。

9. 慈善与奉献：帮助需要的人，对社会做出贡献。

10. 持续学习与成长：个人发展和自我完善的追求。①

这些核心价值观虽然表达的方式和侧重点可能因文化而异，但它们在全球范围内都被视为塑造健康社会和促进人类福祉的关键因素。

前文已经提到 AIGC 可能影响我们的艺术审美、真伪、伦理道德等层面的价值观，等于碰触了人类的核心价值。从整体的人生和世界来看，AIGC 还可在以下方面重塑我们的文化。

---

① OpenAI ChatGPT，2024 年 2 月 2 日。

1. 自我认知和个人身份：AIGC 的发展促使人们重新思考什么是“人类独有”的技能和创造力。人类的数字身份经由 AIGC 工具可能建构与现实世界不同的完整虚拟自我，比起肉身自我，根据个人喜好定制的虚拟自我可能在虚拟时空中更受欢迎，反而排挤肉身自我，这就对自我认知和个人身份产生真与幻的对立。哪个是自我的“本来面目”？不但是哲学的形上问题，也是具体的分殊问题。

2. 生命意义：人类用人际关系、情感连结、工作成就来成全自己的生命意义。AIGC 虚化了人与人、人与机器，创建新的情感连结模式——“活着，为了什么？”以前的纽带未必能持续延伸，我们需要重新肯定生命的意义。AIGC 可以自动完成许多任务，提高效率，把人们从重复性劳动中解放出来，从而有更多机会从事创造性和战略性的工作。然而，不是所有人都能胜任创造性和战略性的工作，有些人不得不转型、升级，不能顺利改换的人将被职场淘汰，人生变成奉献职场的工具，和机器无异。

近年已经听见一种说法，认为人生和生命原本不存在意义，意义是人的想象和自我安顿。这就像 AI 没有心灵情怀，AIGC 的文本本身不具艺术性，是人所赋予的。

3. 世界与人类的未来：资源不均，世界可能因占有 AI 的能力而割裂，AI 强国、AI 霸权、AI 信仰造成人类文明发展的极大挑战。如果 AI 能够与人类大脑直接交互，或者达到数字永生，进入后人类时代，届时 AGI 通用人工智能不只可能代替人类思考判断，还可能衍生新的物种超级人工智能，会不会像科幻小说里的情节，AI 统治世界？

第二节 用文图学培育AIGC素养

AIGC在艺术审美观、真伪价值观、伦理道德观和人生世界观等方面都可能对人类造成改变和影响，要合理合法使用AIGC的成果，我想首先要从培育AIGC素养着手。

AIGC素养指的是对生成式AI的理解和妥善应用的能力。AI技术正在日常生活中扮演越来越重要的角色，从智能手机到智能家居，再到在线教育和医疗服务，AI的应用无处不在，越来越被认为是21世纪的基础技能之一。因此，大势所趋，AIGC素养也会和一般基础教育一样有必要广泛普及。

联合国倡议使用AIGC的年龄为13岁起，大约是中学生阶段，也正是形塑一个人的基本人格、行为习惯和生命目标的阶段。面对风起云涌的AI科技，网络上似是而非、夸大其词的宣传，贩卖知识焦虑的炒作，我们还是要本着实事求是的严谨态度，为善用科技而设想。

本书主要为文科大学生、研究生而写，学生毕业可能成为教师，从事第一线的教育工作。家有就学孩子的家长，大量使用AIGC技术的行业，以及所有关心文明前景的人们，都欢迎一起思考如何培育AIGC素养。

健全的AIGC素养有助于鼓励创新和批判性思维，动手解决问题，适应未来生活，符合市场需求，承担伦理与社会责任。

文图学从视觉经验出发，以及如何在不同媒介中有效地传达信息。即使知识背景比较简单，不懂得人工智能的专业术语和算法原理，仍然不妨碍操作 AI 工具，达到生成文本的目的，重点在对生成的文本进行解读，评估内容的创意、准确性和适当性，提高个人对信息的筛选和决断，构思使用场景，分析得失利弊，融会伦理意识，从而更深入地探讨“何以为人”“人与自然”“人与科技”“个人与群体”“个人与世界”。

以下是我和 ChatGPT 反复打磨，设计针对 13—19 岁中学生的 AIGC 素养课程，重点在结合文图学的概念，关注 AI 在文本和图像生成方面的应用以及相关的伦理和审美问题，供教师或培训课程参考。[①]

课程名称：探索无限的可能——AIGC 素养课程

课程目标：

1. 理解 AIGC 的基本原理和技术

2. 评估 AIGC 在文本和图像生成中的应用及其影响

3. 培养对 AIGC 伦理和审美问题的意识

课程内容：

1. AIGC 简介

（1）什么是 AIGC？（定义、技术背景、应用领域）

（2）AIGC 技术的工作原理（自然语言处理、计算机视觉等）

2. AIGC 在文本生成中的应用

（1）AI 写作（新闻、诗歌、小说等）

（2）讨论 AI 写作的潜力和局限性

---

① OpenAI ChatGPT，2024 年 3 月 5 日。

3. AIGC 在图像生成中的应用

（1）AI 绘画和设计（艺术创作、图形设计等）

（2）探索 AI 绘画的创意和技术挑战

4. AIGC 的伦理和审美问题

（1）讨论 AIGC 创作的版权和原创性问题

（2）探讨 AIGC 对人类艺术和创造力的影响

课程方法：

1. 采用互动讲座、小组讨论、案例分析和实践活动相结合的教学方式

2. 利用多媒体资源和在线工具，增强学习体验

3. 鼓励学生提出问题、分享观点和参与课堂讨论

评估方式：

1. 课堂参与和讨论贡献

2. 小组或个人项目的完成和展示

3. 简单的测试或小测验，了解学生对 AIGC 基本概念的掌握情况

通过这样的课程设计，学生不仅可以了解 AIGC 的技术原理和应用，还能够培养他们对相关伦理和审美问题的思考，激发他们对科技创新的兴趣。

具体执行方面，可以使用 AIGC 工具或平台进行动手实践，鼓励学生发挥创意，设计自己的 AIGC 项目。我将课程分为 10 周课程，每周有知识点和动手操作练习。

第 1 周：AIGC 概述

知识点：介绍 AIGC 的定义、历史、技术背景和应用领域。

动手操作：浏览和分析几个 AIGC 应用的实例（如 AI 写作、AI 绘画）。

第 2 周：AI 写作基础

知识点：学习自然语言处理的基本概念和技术。

动手操作：使用简单的 AI 写作工具生成短文或诗歌。

第 3 周：AI 写作应用

知识点：探索 AI 在新闻写作、小说创作等领域的应用。

动手操作：尝试使用 AI 写作平台撰写一篇短新闻或小故事。

第 4 周：AI 绘画基础

知识点：了解计算机视觉和图像生成技术。

动手操作：使用 AI 绘画工具创作简单的图像或图案。

第 5 周：AI 绘画应用

知识点：探讨 AI 在艺术创作和图形设计中的应用。

动手操作：利用 AI 绘画平台创作一幅风景画或抽象艺术作品。

第 6 周：AIGC 的伦理问题

知识点：讨论 AIGC 创作中的版权、原创性和道德问题。

动手操作：参与小组讨论，探讨一个与 AIGC 伦理相关的案例。

第 7 周：AIGC 的审美探索

知识点：分析 AIGC 对人类艺术和审美观的影响。

动手操作：比较 AI 生成作品和人类创作作品，讨论它们的审美差异。

第 8 周：结合文图学的 AIGC 创作

知识点：学习如何结合文本和图像的 AIGC 创作。

动手操作：创建一个简单的项目，结合 AI 写作和 AI 绘画生成一篇图文并茂的故事。

第 9 周：AIGC 项目设计

知识点：掌握设计和规划一个 AIGC 项目的基本步骤。

动手操作：小组合作，设计一个自己的 AIGC 项目方案。

第 10 周：AIGC 项目展示

知识点：学习如何展示和评估 AIGC 项目。

动手操作：完成并展示小组的 AIGC 项目，进行同学互评和反馈。

每周的课程可以根据学生的兴趣和学习进度进行调整。重要的是要确保学生能够在理解基本概念的同时，通过动手实践来加深理解并激发创新思维。

经由文图学培育 AIGC 素养，希望学生能成为无学科界限的复合型人才。

第三节　AIGC 催生的新兴职务工作

因应 AIGC 发展，催生出一些新兴职务工作，ChatGPT 列举了 200 个，我删除重复和类似的，置于本书附录。这里只谈三种。这三种职务工作重在新创发、监管和维护人类使用 AI 的安全。

一 AI 伦理官（AI Ethics Officer）或 AI 伦理师（AI Ethicist）①

AI 伦理官主要负责确保人工智能系统的开发和使用符合伦理标准和社会价值观。主要职责包括：

1. 制定和执行 AI 伦理准则：制定关于数据隐私、算法透明度、公平性和责任等方面的伦理准则，并确保这些准则在 AI 系统的开发和部署中得到遵守。

2. 评估 AI 项目的伦理风险：审查 AI 项目，评估它们可能带来的伦理和社会风险，并提出相应的缓解措施。

3. 提供伦理咨询和培训：向项目团队提供伦理指导，帮助他们理解和解决 AI 项目中的伦理问题，并提供有关 AI 伦理的培训。

4. 参与政策和标准制定：参与制定有关 AI 伦理的政策和行业标准，以促进整个行业的伦理实践。

所需条件：

1. 伦理学和哲学：对伦理学原理和理论有深入了解，能够分析和解决道德问题。

2. 人工智能和计算机科学：对 AI 技术和算法有一定的了解，能够理解 AI 系统的工作原理和潜在的伦理风险。

3. 法律和政策：对相关的法律法规和政策有一定的了解，特别是与数据隐私、知识产权和技术监管相关的法律。

4. 社会科学：对社会学、心理学等领域有一定的了解，能够分析 AI 技术对社会和个人的影响。

---

① https：//www. deloitte. com/content/dam/Deloitte/us/Documents/process-and-operations/ai-institute-aiethicist. pdf，2024 年 3 月 10 日。

5. 沟通和协调能力：能够有效地与技术团队、管理层和外部利益相关者沟通和协调，推动伦理准则的实施。

未来发展方向：

1. 专业领域深化：AI 伦理官可以继续深入研究 AI 伦理、法律法规、数据保护等领域，成为这些领域的专家。

2. 行业拓展：随着 AI 技术在不同行业的应用，AI 伦理官可以在医疗、金融、教育、娱乐等行业寻找机会，为特定行业的 AI 应用提供伦理指导。

3. 政策制定和咨询：AI 伦理官可以参与制定公司内部的 AI 伦理政策，或为其他组织提供 AI 伦理咨询服务。

4. 教育和培训：AI 伦理官可以参与教育和培训工作，提高公司员工和公众对 AI 伦理的认识和理解。

5. 高级管理职位：随着经验的积累，AI 伦理官可以晋升为高级管理职位，如 AI 伦理部门的负责人或公司的首席伦理官。

6. 国际合作：随着全球对 AI 伦理的关注日益增加，AI 伦理官可以参与国际合作和交流，为全球 AI 伦理标准的制定和实施做出贡献。

二　AIGC 提示词工程师（Prompt Engineer）

提示词工程师的主要职责是设计、优化和管理用于指导 AIGC 系统生成内容的提示词（prompts），确保生成的内容符合预期，并提高系统的性能和用户体验。主要职责包括：

1. 提示词设计：设计有效的提示词（prompts），用于指导人工智能生成内容（AIGC）系统生成特定的输出，如文本、图像、音频等。

2. 性能优化：通过不断测试和调整提示词，优化 AIGC 系统的性能，提高生成内容的质量和相关性。

3. 模型训练：协助训练 AIGC 模型，确保模型能够理解和响应提示词，生成符合预期的输出。

4. 结果评估：分析 AIGC 系统的输出，评估提示词的效果，确定是否需要进行调整或优化。

5. 用户交互：根据用户的需求和反馈，设计和调整提示词，以提高用户满意度和交互体验。

6. 研究和开发：参与 AIGC 技术的研究和开发工作，探索新的提示词设计方法和应用领域。

7. 团队合作：与其他团队成员（如数据科学家、软件工程师、产品经理等）合作，共同推进 AIGC 项目的发展。

8. 伦理和合规：确保提示词的设计和应用符合伦理标准和法律法规，避免产生不良的社会影响。

所需条件：

1. 技术背景：通常需要计算机科学、人工智能、语言学或相关领域的学士或硕士学位。

2. 编程技能：熟练掌握至少一种编程语言，如 Python，以及相关的机器学习和自然语言处理库。

3. 创意和语言能力：能够创造性地构思提示词，并理解语言的复杂性和多样性。

4. 沟通能力：需要能够与团队成员合作，并有效地传达技术概念和需求。

5. 分析能力：能够分析 AIGC 系统的输出，评估提示词的效果，并进行优化。

未来发展：

1. 专业深化：随着技术的进步，提示词工程师可以进一步专注于特定领域，如文本生成、图像生成或音频生成。

2. 行业应用：随着 AIGC 技术在各行业的应用扩展，提示词工程师可以在媒体、教育、娱乐等领域发展。

3. 研究和开发：可以参与 AIGC 技术的研究和开发，推动技术的创新和进步。

4. 团队管理：随着经验的积累，有机会晋升为团队负责人或项目经理，管理整个提示词开发团队。

总的来说，提示词工程师是一个结合技术、语言和创意的职业，随着 AIGC 技术的发展，这个职位的重要性和需求将持续增长。

三 AIGC 产品经理（Product Manager）

AIGC 的产品经理负责指导和管理 AIGC 技术相关产品的开发和市场推广。主要职责包括：

1. 产品规划：制定产品的愿景、战略和路线图，确定产品目标和优先级。

2. 市场分析：研究市场趋势、竞争对手和用户需求，以指导产品开发和定位。

3. 需求管理：收集和分析用户需求，制定详细的产品需求文档（PRD）。

4. 跨部门协作：与研发、设计、销售、市场等团队紧密合作，确保产品按时按质完成。

5. 产品开发跟踪：监控产品开发进度，解决开发过程中的问题，确保产品按计划推进。

6. 用户体验：关注产品的用户体验，不断优化产品设计，提高用户满意度。

7. 产品上市：制定产品上市计划，包括定价、推广和渠道策略。

8. 性能监控：跟踪产品性能指标，如用户活跃度、留存率等，根据数据反馈调整产品策略。

9. 版本管理：规划和管理产品的迭代版本，定期更新产品功能和优化性能。

10. 风险管理：识别和管理产品开发和运营中的风险，确保产品的稳定性和安全性。

所需条件：

1. 教育背景：通常需要拥有商业、管理、计算机科学或相关领域的知识。

2. 技术理解：对人工智能、机器学习和自然语言处理等技术有一定的理解，能够与技术团队有效沟通。

3. 产品管理经验：具有产品管理的经验，能够制定产品战略、规划产品路线图和管理产品生命周期。

4. 市场洞察：能够理解市场需求和用户需求，进行市场分析和竞争对手分析。

5. 沟通与协作能力：能够与跨职能团队（如开发、设计、市场、销售等）有效沟通和协作。

6. 问题解决能力：能够应对复杂问题，制定解决方案，并推动实施。

未来发展：

1. 专业领域深化：随着 AIGC 技术的不断发展，产品经理可以深入专门领域，如文本生成、图像生成、语音合成等。

2. 行业拓展：AIGC 技术在不同行业的应用不断扩展，产品经理可以在媒体、教育、娱乐、医疗等领域寻找机会。

3. 高级管理职位：随着经验的积累，有机会晋升为高级产品经理、产品总监或其他高级管理职位。

4. 创业机会：有经验的产品经理也可以选择创业，开发自己的 AIGC 相关产品或服务。

总的来说，AIGC 的产品经理是一个综合性职位，需要技术理解、市场洞察和管理能力。随着 AIGC 技术的不断发展和应用，这个职位的重要性和发展空间将持续增长。[①]

第四节 对 AI 的五种观点

拥抱或是排斥；接受或是恐惧；期待或是鄙视；乐观或是悲观……人们对于 AIGC 的心态不一，让我们看看具有代表性的五种观点和主要人物。

一 有效利他主义（Effective Altruism，简称 EA）[②]

有效利他主义是一种哲学和社会思想，在 2011 年提出，主张使用证据和理性从事慈善公益，以最有效的方式帮助他人。有效利他主义者关注 AI 的长期影响和潜在风险，特别是

① OpenAI ChatGPT，2024 年 3 月 10 日。
② https：//www. effectivealtruism. org/，2024 年 3 月 10 日。

关于超级智能 AI 可能带来的全球性挑战。

有效利他主义的 AI 观点：

1. 长期主义：有效利他主义者认为，我们应该关注 AI 对遥远未来的影响，而不仅仅是短期效果。这包括考虑如何确保 AI 的发展和应用符合人类长期利益。

2. 风险缓解：他们强调需要积极研究和缓解 AI 带来的潜在风险，尤其是那些可能导致灾难性后果的风险，如不受控制的超级智能。

3. 全球合作：有效利他主义者倡导国际合作，共同制定 AI 治理和安全标准，以应对全球性的 AI 挑战。

4. 优先级设置：他们认为在 AI 研究和政策制定中应该优先考虑那些最有可能影响人类未来福祉的领域和问题。

代表人物：

1. 尼克·波斯特洛姆（Nick Bostrom）：牛津大学未来人类研究所所长，著有《超级智能：路线图、危险性与应对策略》，在 AI 安全和长期主义方面有重要影响。

2. 埃利泽·尤德科夫斯基（Eliezer Yudkowsky）：机器智能研究所的研究员和作家，他在 AI 对齐和存在风险方面做出了贡献。

3. 托比·奥德（Toby Ord）：牛津大学哲学家，有效利他主义倡导者，著有《悬崖：生存风险与人类的未来》（*The Precipice*：*Existential Risk and the Future of Humanity*），探讨了人类面临的各种存在风险，包括 AI 风险。

4. 杰弗里·辛顿（Geoffrey Hinton）：加拿大多伦多大学计算机科学系教授，卷积神经网络理论领军人物，奠定深度学习的基础。2023 年因为看到 ChatGPT 的强大，离开工作 10 年的谷歌公司，没有公司束缚，发表演讲，多次对外警告 AI 会毁灭人类。①

加密货币交易所 FTX 的创始人萨姆·班克曼—弗里德（Sam Bankman-Fried）是有效利他主义的积极推动者，在他破产之后，有效利他主义遭到一些人质疑，但是在美国和英国学术界还是很受瞩目。②

二 有效加速主义（Effective Accelerationism，简称 e/acc）

有效加速主义在 2022 年提出，观点和有效利他主义不同，有效利他主义对 AI 的发展持保留的态度，有效加速主义者大多数从事 AI 工作，相信 AI 是辅助人类的工具，利用创新技术推动社会变革，为人类带来幸福生活。

有效加速主义的 AI 观点：

1. 技术优先：主张加速 AI 和其他相关技术的发展，以快速实现技术进步和社会变革。

2. 解决全球问题：利用 AI 加速解决全球性问题，如气候变化、疾病控制、贫困和不平等。

3. 促进创新：鼓励创新和实验，以寻找加速社会进步的新方法。

代表人物：

1. 萨姆·奥尔特曼（Sam Altman）。

2. 雷·库兹韦尔（Ray Kurzweil）。

---

① https：//www. youtube. com/watch？ v=iHCeAotHZa4，2024 年 3 月 6 日。

② https：//en. wikipedia. org/wiki/Effective_accelerationism，2024 年 3 月 8 日。

3. A16Z 的创始人马克·安德森（Marc Andreessen）。

4. YC 孵化器的 CEO 加里·谭（Garry Tan）。

三 对齐主义（Alignment）和超级对齐主义（Super Alignment）

对齐是训练 AI 的过程中的工作，确保 AI 系统的目标、决策和行为与人类的道德标准、社会规范、价值观、利益和意图相一致。2023 年 11 月 OpenAI 公司内斗事件，山姆·奥特曼被董事会逐出公司，最后又回到团队，就是有效加速主义和对齐主义路线之争。

对齐主义接近有效利他主义，强调为 AI 系统设计明确、安全和道德的目标函数的重要性，以避免潜在的风险和不良后果。超级对齐主义比对齐主义更进一步，关注如何确保在所有领域都超越人类智能的 AI，也就是超级智能 AI 的目标与人类的长远利益完全一致。超级对齐主义者认为，由于超级智能 AI 的强大能力，任何对齐失败都可能导致灾难性的后果，因此需要格外小心和严谨的方法来确保对齐。AI 是一种数字生命，需要和人类和谐共存，AI 要对人类有爱才不会毁灭人类。

代表人物：

1. 伊尔亚·苏茨克维（Ilya Sutskever），OpenAI 的联合创始人，杰弗里·辛顿（Geoffrey Hinton）的学生。非常担心 AI 的危险性。

2. 伊莱莎·尤达科斯基（Eliezer Yudkowsky）：作为机器智能研究所（Machine Intelligence Research Institute，MIRI）的创始人之一，他是对齐问题的早期倡导者，并且撰写了许多关于 AI 安全和伦理的著作。

3. 斯图尔特·罗素（Stuart Russell）：加州大学伯克利分校的计算器科学教授，他是 AI 领域的权威人物，并且在他的著作《人工智能：一种现代方法》中讨论了对齐问题。

4. 尼克·波斯特洛姆（Nick Bostrom）：牛津大学未来人类研究所（Future of Humanity Institute）的创始人，他在其著作《超级智能：路线图、危险性与应对策略》（中信出版社 2015 年版）中详细讨论了超级智能的潜在风险和对齐问题。

5. 雷·库兹韦尔（Ray Kurzweil）：作为未来学家和发明家，他对超级智能的发展和对齐问题有许多见解，并且在他的著作中讨论了这些主题。

四　d/acc[①]

d/acc 是有效加速主义思想的一个分支，代表人物有以太坊（Ethereum）的创始人维塔利克·布特林（Vitalik Buterin）。主张在“技术进步的益处”与“迫切需要民主和去中心化解决方案以减轻风险”之间取得平衡。维塔利克表示，这里的 d 可以是 defense（防御）、decentralization（去中心化）、democracy（民主）与 differential（差异）。

d/acc 的 AI 观点：

1. 去中心化 AI：推动开发和应用去中心化的 AI 系统，这些系统不受中央权威控制，而是通过分布式网络运行，增强透明度和参与度。

2. 民主化 AI 访问：通过去中心化技术，更广泛的人群可

---

① https：//abmedia. io/what-is-d-acc-and-e-acc，2023 年 11 月 28 日。

使用 AI 工具和资源，降低进入门槛，促进创新和社会福祉。

3. 强调社区治理：在 AI 项目中采用去中心化的治理模式，使得决策过程更加民主和包容，反映社区的利益和价值观。

4. 促进技术和社会融合：利用去中心化技术加速社会结构的变革，促进更公平、透明和参与性的社会体系。

五 技术现实主义（Technological Realism）[①]

技术现实主义旨在探讨技术对人类生活和社会的影响，认为技术不仅仅是工具，而是一种社会实践，需要在广泛的社会背景下进行审视和讨论。[②]

技术现实主义的 AI 观点：

1. 技术并不中立：技术本身并不中立，而是受到设计、使用和社会环境的影响。技术的设计者和使用者对其功能、目的和影响负有责任。

2. 社会构建：强调技术是社会构建的产物，而不是自然现象。技术的发展受到文化、政治、经济和历史因素的影响。

3. 技术决策：主张技术决策应该是透明、民主和参与式的。这意味着公众应该有权力参与技术决策，而不仅仅是由专家或公司决定。

4. 技术后果：关注技术的长期后果，包括社会、环境和伦理方面的影响。它呼吁对技术进行全面的评估，而不仅仅是关

---

① https：//www. patheos. com/blogs/digitalwisdom/2021/07/technological - realism/，2024 年 3 月 10 日。

② 2030：from technology optimism to technology realism，https：//www. weforum. org/agenda/2020/01/decade-of-action-from-technology-optimism-to-technology-realism/，2024 年 3 月 10 日。

注短期利益。

代表人物：

1. 斯图尔特·罗素（Stuart Russell）：加州大学伯克利分校的计算机科学教授，他在AI领域有深远的影响。罗素强调了AI发展的伦理和安全问题，主张制定国际标准和监管措施来确保AI的负责任使用。

2. 杰弗里·辛顿（Geoffrey Hinton）：被誉为“深度学习之父”的计算机科学家，他对AI的发展做出了重大贡献。尽管赫特利对AI的潜力持乐观态度，但他也警告了过度依赖AI系统可能带来的风险。

3. 凯特·克劳福德（Kate Crawford）：研究员和作家，专注于社会影响和AI伦理问题。她的工作强调了AI技术在隐私、偏见和社会正义方面的挑战。

4. 尤瓦尔·诺亚·赫拉利（Yuval Noah Harari）：虽然赫拉利不是一名技术专家，但他在《未来简史》中对AI的未来提出了深刻的洞察，强调了技术发展对人类社会和个人身份的深远影响。

这些人物的AI主张共同强调了对技术发展的审慎态度，认为应该在充分评估潜在风险和伦理问题的基础上推进AI技术，确保技术的进步符合人类的长远利益。[①]

这些具有代表性的五种观点和主要人物可能主导或影响AI未来的发展，值得我们继续关注。此外，AI PC、AI手机现在正在研发中，以后我们将会更紧密、深刻地被AI环绕，甚至

① Microsoft Copilot，2024年3月10日。

如同我们使用手机一样，成为生活的日常，占据我们的时间和心智。

延伸活动 · 思考练习

想一想你对 AI 的观点，你认为 AIGC 文图学可以如何支持你的观点?

附录一　推荐参考书

文图学书籍

衣若芬：《畅叙幽情：文图学诗画四重奏》，西泠印社出版社2022年版。

衣若芬：《春光秋波：看见文图学》，南京大学出版社2020年版。

衣若芬：《南洋风华：艺文、广告、跨界新加坡》，新加坡：八方文化创作室2016年版。

衣若芬：《书艺东坡》，上海古籍出版社2019年版。

衣若芬：《星洲创意：文本、传媒、图像新加坡》，新加坡：八方文化创作室2023年版。

衣若芬：《云影天光：潇湘山水之画意与诗情》，北京大学出版社2020年版。

衣若芬主编：《大有万象：文图学古往今来》，文图学会，2022年。

衣若芬主编：《东张西望：文图学与亚洲视界》，新加坡：八方文化创作室2019年版。

衣若芬主编：《五声十色：文图学视听进行式》，文图学会，2022 年。

英文书籍

Andrew Ng, *How to Build Your Career in AI*, DeepLearning. AI, 2023.

Bahaaeddin Alareeni, Allam Hamdan, *Impact of Artificial Intelligence, and the Fourth Industrial Revolution on Business Success*, Cham: Springer International Publishing, 2022.

Brian Christian, *The Alignment Problem: Machine Learning and Human Values by Brian Christian*, New York: W. W. Norton & Company, 2021.

Cary Wolfe, *What is Posthumanism*, Minneapolis: University of Minnesota Press, 2010.

Chris Hables Gray, *Cyborg Citizen: Politics in the Posthuman Age*, New York; London: Routledge, 2001.

Damian M. Bielicki, *Regulating Artificial Intelligence in Industry*, Oxon: Routledge, Taylor & Francis Group, 2022.

Daria Bylieva, Alfred Nordmann, *Technology, Innovation and Creativity in Digital Society: XXI Professional Culture of the Specialist of the Future*, Cham: Springer International Publishing, 2022.

David Roden, *Posthuman Life: Philosophy at the Edge of the Human*, Abingdon, Oxon: Routledge, 2015.

Fouad Sabry, *Artificial Intelligence Music: Fundamentals and Applications*, One Billion Knowledgeable, 2023.

Gary Greenfield, Juan Romero, Penousal Machado, *Artificial Intelligence and the Arts: Computational Creativity, Artistic Behavior, and Tools for Creatives*, Charm: Springer International Publishing, 2022.

Geoffrey Hinton, Sejnowski Terrence J., eds., *Unsupervised Learning: Foundations of Neural Computation*, Cambridge: MIT Press, 1999.

George Anders, *You Can Do Anything: The Surprising Power of a "Useless" Liberal Arts Education*, New York, NY: Little, Brown and Company, 2017.

Jared Keengwe, *Creative AI Tools and Ethical Implications in Teaching and Learning*, Hershey, PA: IGI Global, 2023.

John Bateman, *Text and Image: A Critical Introduction to the Visual–verbal Divide*, London: New York: Routledge, 2014.

Lee Kai–Fu, *AI Superpowers: China, Silicon Valley, and the New World Order*, Boston: Houghton Mifflin Harcourt, 2021.

Li Fei–Fei, *The Worlds I See: Curiosity, Exploration, and Discovery at the Dawn of AI*, New York: Moment of Lift Books, Flatiron Books, 2023.

Martin Clancy, *Artificial Intelligence and Music Ecosystem*, Oxon: Routledge, 2023.

Max Tegmark, *Life 3.0: Being Human in the Age of Artificial Intelligence*, New York: Alfred A. Knopf, 2017.

N. Katherine Hayles, *How We Became Posthuman: Virtual Bodies in Cybernetics, Literature, and Informatics*, Chicago, Ill.: University of Chicago Press, 1999.

Pedro Domingos, *The Master Algorithm: How the Quest for the Ultimate Learning Machine Will Remake Our World*, New York: Basic Books, 2015.

Peter Nowak, *Humans 3.0: The Upgrading of the Species*, Guilford, Connecticut: Rowman & Littlefield Publishers, Inc., 2015.

Ray Kurzweil, *The Singularity Is Near: When Humans Transcend Biology*, New York: Penguin Books, 2006.

Roland Barthes, Essays Selected and Translated by Stephen Heath, *Image*, *Music*, *Text*, New York: Hill and Wang, 1977.

Roland T. Rust, Ming-Hui Huang, *The Feeling Economy: How Artificial Intelligence Is Creating the Era of Empathy*, Cham: Palgrave Macmillan, 2021.

Rosemary Luckin, *Machine Learning and Human Intelligence: The Future of Education for the 21st Century*, London: UCL Institute of Education Press, University of London, 2018.

Rosi Braidotti, *The Posthuman*, Cambridge, U.K.; Malden, Mass.: Polity, 2013.

Seema Sharma, *The New Creatives: How AI Changes the Face of the Creative Industry*, BIS Publishers, 2023.

Spencer Johnson, *Who Moved My Cheese?: An Amazing Way to Deal with Change in Your Work and in Your Life*, London: Vermilion, 2002.

Stephen Satchell, Andrew Grant, *Market Momentum: Theory and Practice*, Chichester: Wiley, 2021.

Stuart Russell and Peter Norvig, *Artificial Intelligence*: *A Modern Approach*, Harlow: Pearson, 2022.

Stuart Russell, *Human Compatible*: *Artificial Intelligence and the Problem of Control*, New York: Viking, 2019.

W. J. T. Mitchell, *Image Science*: *Iconology*, *Visual Culture and Media Aesthetics*, Chicago: University of Chicago Press, 2015.

Yuval Noah Harari, *Homo Deus*: *A Brief History of Tomorrow*, London: Harvill Secker, 2016.

Zahi Zalloua, *Being Posthuman*: *Ontologies of the Future*, London, UK; New York, NY: Bloomsbury Academic, 2021.

附录二　AIGC 工具

一　Chatbot 聊天机器人

名称	供应商	语言模型	网址/可运用的软件
ChatGPT	OpenAI	GPT-3. 5 GPT-4	https：//chat. openai. com/
Gemini（Bard）	Google	由 LaMDA 经 PaLM2 到 Gemini	https：//gemini. google. com/
Copilot （New Bing Chat）	Microsoft	GPT-4	https：//www. bing. com/ Microsoft Edge（browser）
Claude	Anthropic	Claude Claude 2 Claude3	https：//claude. ai/

搜索引擎

名称	模型
Perplexity AI	GPT-3. 5 with standalone LLM
Perplexity AI Pro	GPT-4，Claude 2，and an Experimental Perplexity Model

AI 助手插件

名称	网址
Walles. ai	https：//walles. ai/
Monica	https：//monica. im/home

二　语音识别/影像转文字

名称	模型	网址
Whisper	OpenAI	https：//github. com/openai/whisper
Jasper AI	(NLP/NLG)	https：//github. com/jasper-software/jasper
Buzz	Open AI	https：//github. com/chidiwilliams/buzz

三　图像生成与编辑

名称	网址
DALL-E	https：//openai. com/dall-e
DALL-E3	https：//openai. com/dall-e-3
Bing Image Creator	https：//www. bing. com/images/create
Midjourney	https：//www. midjourney. com/
Stable Diffusion	https：//github. com/Stability-AI/generative-models
Leonardo AI	https：//leonardo. ai/
Playground AI	https：//playgroundai. com/
Magic AI Studio	https：//magicstudio. com/
Blockade	https：//www. blockadelabs. com/
Ideogram	https：//ideogram. ai/
Imagine AI Art Generator	https：//www. imagine. art/

续表

名称	网址
Fotor	https：//www. fotor. com/photo-editor-app/editor/ai
Perchance	https：//perchance. org/ai-text-to-image-generator
Wepik	https：//wepik. com/
OpenArt	https：//openart. ai/home
Pixlr	https：//pixlr. com/

提供 AI 辅助的版面设计

Canva	https：//www. canva. com/
Microsoft Designer	Designer. Microsoft. com

生成书法

京东×央美 AI 书法生成	https：//arts-academy. jd. com/
书法味	http：//www. shufaway. com/
在线书法	http：//www. piaofangw. com/sf/
文心一格	https：//yige. baidu. com/search/% E4% B9% A6%E6%B3%95
e 笔 App	https：//www. studioa. com. tw/pages/epenapp

四　生成音频文本

Suno	https：//www. suno. ai/
MusicGen	https：//github. com/facebookresearch/audiocraft
Stable Audio	https：//stability. ai/stable-audio
唱鸭	https：//changya. i52hz. com/

文字转语音

11 Labs AI	https：//elevenlabs. io/
Murf. ai	https：//murf. ai/
Musicfy. LOL	https：//create. musicfy. lol/

五 生成视频文本

LeiaPix	https：//convert. leiapix. com
CapCut/剪映	https：//www. capcut. com
Pika Labs	https：//www. pika. art/
InstaVerse	https：//theinstaverse. com/
Animated Drawings	https：//sketch. metademolab. com
GenMo	https：//www. genmo. ai/
D-ID	https：//www. d-id. com
HeyGen	https：//www. heygen. com/
SadTalker	https：//huggingface. co/spaces/vinthony/SadTalker
Kaiber	https：//kaiber. ai/
RunwayML	https：//runwayml. com/
Synthesia	https：//www. synthesia. io/
Invideo AI	https：//invideo. io/
Opus	https：//opus. ai/
Pictory	https：//pictory. ai/
Elai. io	https：//elai. io/
腾讯智影	https：//zenvideo. qq. com/
DeepBrain AI	https：//www. deepbrain. io/
Runway Gen-2	https：//research. runwayml. com/gen2

续表

Stable Video	https：//www. stablevideo. com/
Stable Video Diffusion	https：//stability. ai/
Toonly	https：//www. voomly. com/toonly
Plazmapunk	https：//www. plazmapunk. com/
Vidnoz AI	https：//www. unspokensymphony. com/make-a-melody
DeepAI	https：//deepai. org/
Gencraft	https：//gencraft. com/
Ivideo AI	https：//invideo. io/ai/

图像生成视频

Runway	https：//runwayml. com/
Online Video Editor & Converter	https：//www. video2edit. com/
右糖	https：//lightmv. cn/
Animated Drawings	https：//sketch. metademolab. com
Genmo	https：//www. genmo. ai/

AI 视频剪辑

CapCut/剪映	https：//www. capcut. com
Designs. ai	https：//designs. ai/

3D 工具

LeiaPix Converter	https：//convert. leiapix. com
InstaVerse	https：//theinstaverse. com/

续表

PNG3D	https：//png3d. com/
Spline	https：//spline. design/
Masterpiece Studio	https：//masterpiecestudio. com/
Meshcapade	https：//meshcapade. com/
Luma AI	https：//lumalabs. ai/
Coohom-Ai 3D design	https：//www. coohom. com/

AI 生成数字人（avatar）

HeyGen	https：//app. heygen. com/
Genies	https：//genies. com/
KreadoAI	https：//www. kreadoai. com/

六 检测是否为 AI 生成

ZeroGPT	https：//www. zerogpt. com/
GPTzero	https：//gptzero. me/
Chat GPT Detector for Essays	https：//studycorgi. com/
WinstonAI	https：//gowinston. ai/
GPT-2 Output Detector Demo	https：//openai-openai-detector. hf. space/
GLTR（Giant Language Model Test Room）	http：//gltr. io/
Turnitin	https：//www. turnitin. com/
AI Text Classifier by Hugging Face	https：//huggingface. co/docs/transformers/tasks/sequence_classification
Smodin	https：//smodin. io/

续表

Forensically	https：//29a. ch/photo-forensics/#level-sweep
Deepware Scanner	https：//scanner. deepware. ai/
Sensity （Deeptrace）	https：//sensity. ai/
Reality Defender	https：//www. realitydefender. com/

七　学术研究辅助

SciSpace	https：//typeset. io/
Scholarcy	https：//www. scholarcy. com/
ChatDOC	https：//chatdoc. com/

八　办公室辅助

Notion	https：//www. notion. so/product/ai
Gamma	https：//gamma. app/
Otter	https：//otter. ai/
Zapier	https：//zapier. com/ai

九　阅读理解摘要辅助

ChatPDF	https：//www. chatpdf. com/
Glarity	https：//glarity. app/

十　综合工具集

futurepedia	https：//www. futurepedia. io/
AI 工具集	https：//ai-bot. cn/
Adobe Creative Cloud	https：//www. adobe. com/
AIHub	https：//www. aihub. cn/

附录三　科技发展大事年表[①]

年份	事件
1943	沃伦·麦卡洛克（Warren Sturgis McCulloch）和沃尔特·皮茨（Walter Pitts）提出了神经网络的最早概念，这是第一次尝试用数学模型来模拟人脑功能
1945	ENIAC（Electronic Numerical Integrator and Computer，电子数值积分器与计算器）完成，这是最早期的通用电子计算器之一。按照今天的标准来看，它非常庞大，并不是个人计算机
1950	艾伦·图灵（Alan Mathison Turing）发表了著名的“图灵测试”（Turing test），提出了一个判断机器是否能够展示人类智能的测试方法
1951	UNIVAC（Universal Automatic Computer，通用自动计算器）推出，这是美国生产的第一台商用计算器，但仍远远不及个人使用
1952	数学家兼绘图师本·拉波斯基（Benjamin Francis Laposky）利用示波器（oscillonscope）制作图像，名为《电子抽象》（Electronic Abstractions）展览

① https：//hub. baai. ac. cn/view/35001；https：//www. sohu. com/a/303100367_651893；https：//www. aminer. cn/ai-history；https：//mp. weixin. qq. com/s？_biz = MzU3ODQ5MjQzMQ = = &mid = 2247561304&idx = 2&sn = 33733eb21c65105a040fc8e340db5133&chksm = fc660a8643f2ddc3423b43df33aadadb7a13f4e36acfbeba86fef6e9e77658ba3f3537321766&scene = 0&xtrack = 1#rd

续表

年份	事件
1956	在达特茅斯会议（Dartmouth workshop）上，约翰·麦卡锡（John McCarthy）首次提出了“人工智能”（Artificial Intelligence）这个术语，这标志着 AI 作为一个独立研究领域的诞生。 列哈伦·希勒（Lejaren Hiller）和莱纳德·萨克森（Leonard Isaacson）用伊利诺大学的计算机 ILLIAC I 制作了弦乐四重奏《伊利亚克组曲》(Illiac Suite)。这是电子计算机编程生成的第一部音乐作品。(一说完成于 1957 年)
1958	杰克·基尔比（Jack Kilby）和罗伯特·诺伊斯（Robert Noyce）开发出集成电路（integrated circuit)，为更小型、更实惠的计算机奠定了基础。 贝尔实验室的研究员马克斯·马修斯（Max Mathews）开发了一款名为 MUSIC 的程序。这个程序是第一个能够让电脑产生音乐和人声的软件
1960 年代	出现了更小型、更实惠的“小型计算机”（minicomputers)，如 DEC PDP-8，使个人计算机的概念更加现实。 1960 年代末，美国国防部高级研究计划署网络（Advanced Research Projects Agency Network，ARPANET）的出现，标志着电子邮件概念的起始。ARPANET 是资助的一个项目，旨在实现不同计算机网络之间的通信
1961	IBM 704 计算机将歌曲“Daizy Bell”进行语音合成，标志着计算机技术在处理和生成人类语音方面的重要进展
1966	约瑟夫·维森鲍姆（Joseph Weizenbaum）在 MIT 创建了 ELIZA 程序，它能通过模拟对话来仿效心理治疗师，这是最早的尝试之一，展示了机器在处理自然语言方面的潜力
1971	Kenbak-1，被认为是第一台个人计算机，设计用于教育用途，但并不成功，未产生显著影响
	雷·汤姆林森（Ray Tomlinson）被认为是发送第一封电子邮件的人。他在 ARPANET 上实现了电子邮件的发送，从一个系统向另一个系统发送了一条消息。汤姆林森还引入了使用“@”符号来分隔用户名称和计算机名称的惯例
1973	美国摩托罗拉（Motorola）公司工程师马丁·库珀（Martin Cooper）发明世界上第一部移动电话

续表

年份	事件
1975	Altair 8800，被认为点燃了个人计算机革命的火花，是第一台成功的个人计算机，使用了 Intel 8080 微处理器。它以套件形式出售给业余爱好者
1976	苹果 I（Apple I）。由史蒂夫·沃兹尼亚克（Steve Wozniak）和史蒂夫·贾伯斯（Steve Jobs）创建，这是最早作为完全组装产品出售的计算机之一，使非技术用户更容易使用
1970 年代末至 1980 年代初	电子邮件软件的发展，如 1979 年的 Unix 邮件系统，以及后来的 Sendmail 等，使得电子邮件的使用更加便捷和灵活
	1980 年代 AI 研究集中在开发专家系统（Expert System）和符号处理，这些系统在特定领域内利用规则库来模拟专家的决策能力，如医学诊断和地质勘探
1981	进入市场的 IBM PC 标准化了个人计算机的架构，并使用了 Intel 8088 微处理器。这巩固了微软磁盘操作系统（Microsoft Disk Operating System，MS-DOS）的主导地位
1983	摩托罗拉推出了世界上第一款商用手机
1984	苹果麦金塔（Apple Macintosh）。向更广泛的用户介绍了图形用户界面（graphical user interface，GUI），使计算机更加用户友好，并推广了鼠标的使用
1985	英特尔 386（Intel 386，i386，80386）推出，是 x86 架构系列中第一款 32 位微处理器，提供虚拟内存和多任务处理等进阶功能。支持高达 4GB 的内存，代表了运算能力的重大飞跃，为未来的个人计算机奠定了基础
1988	Google BooksNgram Viewer 显示，1988 年起，Text 和 Image 的使用词频开始高于 literature 和 picture
1989	推出英特尔 486（Intel 486，i486，80486）。 在 386 的成功基础上，首批直接在芯片上引入了多项增强功能，进一步提高了个人计算机的效能。对于将个人计算扩展到图形设计、游戏和多媒体至关重要

续表

年份	事件
1980 年代中后期	BBS（Bulletin Board System，电子公告板系统）成为早期个人电脑用户在线交流的一种形式，尽管它们并不是互联网的一部分，但为后来的互联网通信奠定了基础
1990 年代初	因特网的发展和万维网（WWW）蓬勃发展，将个人计算机转变为重要的沟通、信息和娱乐工具。 这个时代也见证了微软窗口操作系统的崛起，而更加推动了这个趋势。 第二代移动通信技术（2G）的推出，移动电话开始支持数字数据传输
1991	蒂姆·伯纳斯-李（Tim Berners-Lee）提出万维网（World Wide Web，WWW），极大地促进了互联网的可用性和普及
1993	Intel 推出了 64 位奔腾（Pentium）系列微处理器。 Mosaic 浏览器，后来发展成为 Netscape Navigator，极大地简化了互联网的使用，使得非技术用户也能轻松上网
1995	杨致远（Jerry Yang）和戴维·费洛（David Filo）创立 Yahoo 搜索
	Windows 95 推出，内置互联网支持，引入 Internet Explorer，图形界面操作
1996	Hotmail 推出。由萨贝尔·巴蒂亚（Sabeer Bhatia）和杰克·史密斯（Jack Smith）创立。标志着网络邮件服务时代的开始
1997	IBM 的“深蓝”（Deepblue）战胜了国际象棋世界冠军加里·卡斯帕罗夫（Garry Kimovich Kasparov），这是 AI 在特定领域超越人类的里程碑，展示了机器学习和搜索算法在复杂任务中的潜力
1998	拉里·佩奇（Larry Page）和谢尔盖·布林（Sergey Brin）创立 Google。PageRank 算法促进了搜索引擎技术的发展，也改变了人们上网和获取信息的方式
1999	诺基亚 Nokia 7110 问世，是第一支能上网的手机。内建 Series 40 平台，支援 WAP 浏览器

续表

年份	事件
2000 年代	笔记本电脑崛起，智能手机和平板计算机发展，随着价格更加亲民、便携性和性能更强大，最终超越桌面计算机成为更受欢迎的选择
	第三代移动通信技术（3G）的出现，提供了更快的数据传输速度，促进移动互联网服务（如网页浏览、电子邮件、视频通话）
2004	马克·扎克伯格（Mark Zuckerberg）和同学合作成立 Facebook
2006	深度学习（Deep Learning）开始作为机器学习的一个重要分支得到关注，杰弗里·辛顿（Geoffrey Hinton）等人提出了深度信念网络（Deep Belief Networks，DBNs），为深度学习的发展奠定了基础
2007	苹果公司推出了第一代 iPhone，开启了智能手机时代
	Android 系统进一步促进智能手机普及。智能手机提供了更大的屏幕、更强的处理能力和更丰富的应用程序（App），极大地改善了移动互联网的使用体验
2009	李飞飞主持的 ImageNet 项目建构 1500 万张照片的数据库，包括 22000 种物件，为计算机视觉奠定基础
2010 年代	发展 4G LTE 网络，提供了更高的数据传输速度，实现高清视频流、在线游戏和复杂的互联网应用
	App Store 和 Google Play 等移动应用，提供了数以百万计的应用程序，推动了移动互联网服务的多样化和个性化
2011	苹果手机 iOS5 输入法字符库纳入栗田穰崇 1999 年绘制的表情符号 emoji。10 月推出语音助手 Siri 2 月，IBM 开发的自然语言问答计算机沃森（Watson DeepQA computer）在美国老牌益智节目“危险边缘”（Jeopardy!）中击败人类
2012	卷积神经网络结构 AlexNet 在图像识别领域取得了突破性成果，标志着深度学习时代的到来
2013	Word2Vec 的发布使得词嵌入技术成为自然语言处理（Natural language processing，NLP）的重要工具，大幅提高了文本处理的效率和效果

续表

年份	事件
2014	Sequence to Sequence（Seq2Seq）模型和注意力机制（Attention Mechanism）的引入，极大地改进了机器翻译和文本生成的能力。亚马逊推出智能音箱 Echo 以及智能语音助手 Alexa
2016	谷歌的 AlphaGo 战胜世界围棋冠军李世石，展示了深度学习和强化学习结合的强大能力
	北京清华大学语音与语言实验中心（CSLT）宣布，人工智能“薇薇”的 25 首旧体诗制作通过图灵测试
2017	谷歌的 AlphaGo 战胜世界围棋冠军柯洁
	史上第一部由人工智能“少女小冰”生成的华语现代诗集《阳光失了玻璃窗》在中国出版
	美国歌手泰伦·萨瑟恩（Taryn Southern）发行专辑“I AM AI”，其中一首“Break Free”由她作词和主旋律，人工智能 AmperAI 编曲
2018	OpenAI 发布 GPT（Generative Pre-trained Transformer，生成式预训练变换器）。Google 发布 BERT（Bidirectional Encoder Representations from Transformers，双向编码器表示变换器）。这些预训练的语言模型在多项 NLP 任务上取得了前所未有的性能，开启了 AIGC 的新纪元
	一幅埃德蒙·贝拉米（Edmond de Belamy）的 AI 生成肖像画以 43.2 万美元高价在佳士得拍卖成交
2020 年代	开发 5G 网，络提供更高的速度，支持更广泛的连接场景，包括物联网（IoT）、自动驾驶、远程医疗等
2020	OpenAI 发布 GPT-3，具有 1750 亿参数，可以生成高度逼真的文本，用于聊天机器人、内容创作、代码生成等多种应用
2021	OpenAI 发布 DALL·E，一个能够根据文本描述生成高质量图像的模型，标志着 AIGC 在视觉艺术领域的突破

续表

年份	事件
2022	雷菲克·阿纳多尔（Refik Anadol）用 AI 设计的装置数字艺术无监督—机器幻觉（“Unsupervised—Machine Hallucinations”）在纽约现代艺术博物馆（MoMA）展出
	署名 Jason Allen via Midjourney 的 AI 生成图像太空歌剧院（“Théâtre D'opéra Spatial”）在美国科罗拉多州立博览会美术比赛赢得了数字艺术/数字摄影类别的第一名
	10 月 28 日，Facebook 改名为 Meta
	11 月 30 日，OpenAI 发布 ChatGPT3.5
2023	2 月 7 日，Google 发布 Bard
	2 月 8 日，Microsoft 发布 BingChat
	2 月 21 日，复旦大学发布中国版 ChatGPT-MOSS，4 月正式开源
	2 月 25 日，Meta 发布 LLaMA 模型并开源
	3 月 15 日，OpenAI 发布 GPT-4
	3 月 16 日，百度发布大模型“文心一言”
	3 月 29 日，未来生命研究所（Future of Life）发表公开信，呼吁暂停开发比 GPT-4 更强大的人工智能系统至少 6 个月
	4 月 7 日，阿里巴巴推出“通义千问大模型”
	5 月 6 日，科大讯飞发布“星火认知大模型”，并发布大模型在教育、办公、汽车、数字员工等行业的应用成果
	7 月，联合国教科文组织发布《生成人工智能与教育未来》（Generative AI and the Future of Education），讨论 AIGC（Generative AI）对教育未来的影响 同月，阿里大文娱推出 AI 换脸软件妙鸭相机爆火。数据安全、个人隐私等问题引发关注
	7 月 11 日，华为发布多模态大模型盘古 3.0

续表

年份	事件
	7月12日，Anthropic 发布 Claude 2
	7月13日，中国国家互联网信息办公室（“网信办”）等七部门联合发布《生成式人工智能服务管理暂行办法》（AIGC Measures），8月15日正式生效
	7月19日，Meta 发布免费可商用的 Llama 2，成为后来许多模型选择的基础
	8月18日，稚晖君发布智元具身智能机器人“远征 A1”
	9月7日，联合国教科文组织发布《生成式人工智能在教育和研究中的应用指南》（Guidance for Generative AI in Education and Research） 同日，腾讯发布混元大模型，对外开放，通过 API 调用混元，建构大模型应用
	10月31日，阿里云发布大模型通义千问 2.0
	11月15日，Microsoft Bing Chat 改名 Copilot
	11月18—22日，OpenAI 发生 CEO 山姆·奥特曼（Sam Altman）被董事会罢免之后回归事件，显示 AI 发展的不同观念之争
	12月6日，谷歌推出 Gemini1.0。
	12月8日，欧盟议会和委员会就人工智能法案（EU AI Act）达成临时协议
	12月27日，美国《纽约时报》对微软和 OpenAI 提起诉讼，成为第一家起诉人工智能科技公司侵权的美国大型媒体
2024	2月8日，Google Bard 更名 Gemini
	2月16日，OpenAI 发布能生成视频的 Sora
	3月4日，Anthropic 发布 Claude 3
	欧洲议会3月13日投票通过《人工智能法案》

附录四　我问 AI

ChatGPT 建议的 175 个 AIGC 文图学研究课题

2024 年 1 月 30 日

原文为英语，作者删去类似和重复内容

1. AIGC 的伦理含义：探讨与 AI 生成的文本和图像的创建和分发相关的伦理问题，包括版权、真实性、错误信息以及对创意产业的影响等问题。

2. AI 生成艺术的美学：分析 AI 创建的图像的美学品质，与人类制作的艺术进行比较，并探究 AI 是否能够发展出独特的艺术风格或流派。

3. AI 生成内容中的叙事构建：检验 AI 算法在文本和图像形式中构建叙事的方式，以及这些叙事与人类创建的叙事在复杂性、连贯性和情感影响方面的比较。

4. AI 在文化生产中的作用：研究 AI 生成的内容如何贡献于或改变文化叙事、符号和表现，特别是在创造反映或挑战社会规范和价值观的图像方面。

5. AIGC 中的互动性和用户参与度：探索互动性 AI 生成的

文本和图像（如视频游戏或互动小说中的）如何影响用户参与度、叙事沉浸感和情感反应。

6. AI 艺术中的真实性和归属：讨论在 AI 生成的艺术中归属作者身份和确保真实性的挑战，包括对艺术史、版权法和艺术价值评估的影响。

7. AI 与创意合作：研究 AI 如何与人类艺术家和作家合作创作新形式的文本和图像内容，包括人类与 AI 共同创作的动态以及对创意过程的影响。

8. AI 对视觉文化的影响：分析 AI 生成的图像如何改变视觉文化，包括视觉素养、图像消费和图像在社交媒体和广告中的作用的变化。

9. 机器学习算法在图像和文本生成中的应用：研究用于生成文本和图像的机器学习算法的技术方面，包括新模型的开发、生成技术的改进和训练 AI 系统的挑战。

10. AI 与人类创造力的比较研究：进行比较研究，以理解 AI 生成内容和人类创造内容之间的差异和相似之处，重点关注创造力、创新和复杂思想的表达。

11. AI 与视觉叙事：研究 AI 系统如何分析和生成视觉叙事，包括漫画、故事板和图形小说，并探索它们在讲故事中的潜在应用。

12. AI 生成内容中的情绪识别：检查 AI 识别和传达文本和图像内容中情绪的能力，以及其对内容创建、营销和用户参与的影响。

13. AI 生成内容在教育中的应用：研究 AI 生成的教育材料的使用，包括教科书、视觉辅助材料和互动学习模块，并评估它们在提高学习成果方面的有效性。

14. AI 生成内容在新闻业中的应用：分析 AI 在新闻业中的作用，包括自动生成新闻文章、数据可视化和信息图表，以及其对新闻伦理和实践的影响。

15. AI 增强的图像和文本检索：探索 AI 如何通过理解和生成与用户偏好和意图一致的文本和视觉内容来改进内容检索和推荐系统。

16. AIGC 中的文化偏见和代表性：研究 AI 生成内容中的文化偏见，无论是在文本还是图像中，并检查减轻偏见和确保公平代表性的方法。

17. AI 生成内容的可访问性：探索使用 AI 生成可访问内容的方法，例如为图像提供替代文本描述和为视频提供音频描述，以增强数字媒体的可访问性。

18. AI 生成的艺术品修复：研究使用 AI 在修复和保护艺术作品中的应用，包括修复受损图像和重现历史文物上丢失的文本或铭文。

19. AI 生成内容与品牌塑造：分析 AI 生成的内容如何用于品牌塑造和营销目的，包括生成品牌视觉和个性化营销材料。

20. AI 生成内容在医疗保健中的应用：研究 AI 生成内容在医学成像和诊断报告中的使用，以及在医疗环境中的准确性和可靠性。

21. AI 生成内容与语言翻译：研究 AI 在跨语言文本内容翻译中的作用，包括生成文化敏感的翻译和对全球交流的影响。

22. AI 生成内容与虚拟世界：探索 AI 生成的文本和图像如何增强虚拟环境，如在虚拟现实（VR）或元宇宙应用中，用于讲故事、教育和娱乐。

23. AI 与艺术中的情感表达：分析如何使用 AI 创建表达情感并在观众中引发情感反应的艺术作品，以及这对艺术治疗和情感福祉的影响。

24. AI 生成内容与法律问题：研究 AI 生成内容的法律含义，包括与版权、知识产权和对 AI 生成作品的法律责任相关的问题。

25. AI 生成内容在灾害响应中的应用：研究使用 AI 生成地图、图像和文本报告以支持灾害响应和恢复工作，包括实时更新和资源分配。

26. AI 生成内容与个性化：分析 AI 如何为个别用户个性化文本和视觉内容，考虑诸如用户偏好、人口统计和行为等因素。

27. AI 生成内容与环境意识：探索使用 AI 生成内容提高对环境问题的认识，如通过视觉叙事和数据可视化传达气候变化信息。

28. AI 生成内容与历史保护：研究 AI 如何协助历史文档、文物和艺术品的保存和修复，包括重建受损或恶化的材料。

29. AI 生成内容与人类—AI 沟通：研究开发能够使用文本和图像与人类进行有意义且与情境相关的对话的 AI 系统。

30. AI 生成内容在虚拟助手中讲故事：研究如何将 AI 生成的叙事和视觉内容整合到虚拟助手中，如聊天机器人和语音助手，以增强用户交互和讲故事能力。

31. AI 生成内容在跨媒体改编中的应用：探索使用 AI 在不同媒体之间改编内容，如将文本故事转换为视觉格式或反之，以及评估此类改编的有效性。

32. AI 生成内容与社会影响：分析 AI 生成内容在社交媒体平台上的影响，包括其在塑造公众舆论、趋势和病毒性内容方面的作用。

33. AI 生成内容在广告创意中的应用：研究 AI 如何协助广告创作过程，包括生成广告文案、视觉概念和营销活动的多媒体内容。

34. AI 生成内容与语言振兴：研究使用 AI 生成的文本和图像保存和振兴濒危语言，包括创建教育材料和文化资源。

35. 人工智能生成内容在艺术教育中的应用：探索将人工智能生成内容整合到艺术教育课程中，包括其在教授艺术技巧和历史方面的应用。

36. 人工智能生成内容用于科学传播：研究人工智能如何协助创建视觉和文本内容，以将复杂的科学概念和数据传达给更广泛的受众。

37. 人工智能生成内容与认知科学：分析感知和理解人工智能生成文本和图像所涉及的认知过程，以及它们与人类生成内容的比较。

38. 人工智能生成内容用于文化保护：调查使用人工智能生成内容以保护和记录文化遗产，包括土著语言、民间传说和传统。

39. 人工智能生成内容与创造力提升：探索如何使用人工智能工具作为人类艺术家和作家的创造性辅助工具，增强他们的创造过程，并推动艺术表达的界限。

40. 人工智能生成内容与新闻伦理：调查使用人工智能生

成新闻文章、标题和视觉内容的伦理考虑，以及其对媒体可信度的影响。

41. 人工智能生成内容用于个人表达：研究人工智能工具如何作为个人表达自我的创意渠道，通过文本和视觉内容进行表达，包括个人博客、艺术和诗歌。

42. 人工智能生成内容用于语言学习：探索使用人工智能生成内容协助语言学习，包括生成语言练习、互动课程和文化相关内容。

43. 人工智能生成内容与叙事设计：分析人工智能在设计交互式叙事故事的分支叙事中的作用，例如在视频游戏、虚拟现实体验和选择你自己的冒险故事中。

44. 人工智能生成内容与视觉搜索：调查人工智能如何通过为图像生成文本描述和元数据来增强视觉搜索引擎，提高图像检索的准确性。

45. 人工智能生成内容与艺术中的无障碍性：研究人工智能生成内容如何使艺术对残疾人更加可访问，包括为视觉艺术作品生成音频描述和为表演生成字幕。

46. 公共空间中的人工智能生成内容：探索在公共艺术装置、展览和城市设计中使用人工智能生成内容的应用及其对公众参与和艺术表达的影响。

47. 人工智能生成内容与心理健康：调查创建人工智能生成内容对于处理心理健康挑战的个体的潜在治疗益处，包括艺术治疗和表达性写作。

48. 人工智能生成内容与多语言主义：研究人工智能在促进多语言交流中的作用，通过生成多种语言的内容和跨越语言障碍。

49. 跨界人工智能生成内容与创意合作：探索人工智能如何促进艺术家、作家和创作者之间的国际合作，超越创意过程中的地理限制。

50. 人工智能生成内容与广告伦理：调查人工智能生成广告的伦理考量，包括与数据隐私、目标营销和消费者信任相关的问题。

51. 虚拟博物馆中的人工智能生成内容：研究人工智能如何用于创建虚拟博物馆展览，提供融合人工智能生成图像、文本描述和互动元素的沉浸式体验。

52. 人工智能生成内容与创意所有权：分析人工智能生成内容中的所有权和归属概念，包括创作者和人工智能生成作品用户的法律和伦理责任。

53. 政治话语中的人工智能生成内容：探索人工智能在生成政治内容（包括演讲、竞选材料和社交媒体帖子）中的作用，以及其对政治沟通和话语的影响。

54. 人工智能生成内容与语言保护：调查人工智能如何用于通过生成捕捉语言和文化细微差别的文本和视觉内容，以保护濒危语言，供后代使用。

55. 虚拟世界中的人工智能生成内容与叙事：研究人工智能如何在虚拟世界中创建动态、演变的叙事，例如在大型多人在线游戏中，以及其对玩家参与度的影响。

56. 人工智能生成内容与心理健康支持：探索人工智能生成内容作为提供心理健康支持的工具，包括生成个性化的自助材料和治疗资源。

57. 时尚与设计中的人工智能生成内容：分析人工智能生成的设计和时尚概念如何影响时尚和设计行业，从服装设计到室内装饰。

58. 人工智能生成内容与跨文化理解：调查人工智能生成内容如何通过促进跨文化理解来弥合文化差距，包括生成多语言、多文化和具有语境意识的内容。

59. 人工智能生成内容与灾害准备：研究人工智能如何用于生成灾害准备材料，包括视觉模拟、紧急响应计划和疏散指示。

60. 人工智能生成图像的视觉符号学：调查人工智能生成图像如何传达意义和象征，以及这些视觉符号学与人类生成图像的符号学相比如何。

61. AIGC 中的叙事连贯性：分析人工智能生成的结合文本和图像的内容的连贯性和叙事流动性，并探索改善叙事连贯性的策略。

62. AIGC 中的文化背景：研究人工智能生成内容如何具有对文化细微差别的语境意识，包括生成与文化相关且敏感的图像和文本。

63. 用户与人工智能生成多媒体的互动：探索用户如何感知和与人工智能生成的多媒体内容互动，包括用户偏好、情感反应和参与度指标。

64. 人工智能生成内容在艺术史研究中的应用：调查在艺术史研究中使用人工智能生成内容的情况，包括分析人工智能生成的艺术作品及其在艺术史典范中的地位。

65. 人工智能增强的图像标注：研究提高人工智能生成图

像标注质量和信息量的技术，考虑文本描述和解释性洞察。

66. 人工智能生成内容与创意写作：分析人工智能如何激发和协助人类作者进行创意写作，包括生成视觉提示和叙事想法。

67. 人工智能生成图像中的视觉修辞：探索人工智能生成的视觉内容中的说服和修辞元素，包括其在广告和宣传中的应用。

68. 教育材料中的人工智能生成内容：调查结合文本和图像的人工智能生成教育材料的有效性，包括其对学习成果和参与度的影响。

69. 人工智能生成内容与内容适应：研究人工智能如何为不同受众适应内容，包括为儿童、青少年和成人生成适龄的视觉和文本内容。

70. 数字人文中的人工智能生成内容：调查在数字人文研究中使用人工智能生成的文本和图像，如分析历史文件、艺术品和文化遗产。

71. 人工智能生成内容与用户生成内容：分析社交媒体平台上人工智能生成内容与用户生成内容的互动，包括用户对人工智能生成叙事和视觉内容的感知和贡献。

72. 文学和诗歌中的人工智能生成内容：研究在文学和诗歌中整合人工智能生成内容，包括人类作者和人工智能系统之间的合作作品。

73. 人工智能生成内容中的视觉和文本风格转换：探索在人工智能生成媒体中在文本和视觉内容之间转换艺术风格的技术，创造独特的风格组合。

74. 人工智能生成内容与内容个性化：调查人工智能生成内容如何根据个人偏好进行个性化，包括生成定制的视觉叙事和量身定制的文本描述。

75. 考古学和文化遗产中的人工智能生成内容：研究人工智能生成内容在考古遗址、历史纪念碑和文化遗产的记录和保护中的作用。

76. 跨媒体分析中的人工智能生成内容：分析人工智能生成内容，以研究文本和视觉叙事在不同媒体（包括文学、电影和视频游戏）之间的联系和差异。

77. 人工智能生成内容与情感智能内容：探索人工智能如何生成能够引发观众和读者特定情感反应的情感智能内容。

78. 人工智能生成内容与版权法：调查人工智能生成文本和图像中的法律和伦理方面，包括所有权和归属问题。

79. 创意产业中人工智能生成内容与人工智能协作：研究人工智能系统和创意产业专业人士（如电影制作、广告和设计）之间的协作努力，以提高创意过程和成果。

80. 人工智能生成内容与视觉诗歌：调查通过结合人工智能生成的图像和文本内容来创造视觉诗歌和实验艺术形式。

81. 人工智能生成内容与跨文化美学：研究人工智能如何调整其视觉和文本输出以符合多样化的文化美学和感性。

82. 新闻中的人工智能生成内容与视觉叙事：分析人工智能生成的图像和文本在新闻中的应用，以增强叙事并传达复杂的叙述。

83. 社会科学中的人工智能生成内容：探索人工智能生成内容在社会科学研究中的应用，包括内容分析、情感分析和跨文化研究。

84. 人工智能生成内容与辅助技术：调查人工智能生成内容如何惠及残疾人，包括生成无障碍图像描述和增强的文本到语音能力。

85. 人工智能生成内容与增强现实（AR）叙事：研究人工智能生成内容如何融入 AR 叙事，创造互动和沉浸式体验。

86. 品牌和营销中的人工智能生成内容：分析人工智能生成的视觉和文本对品牌策略、用户参与和消费者行为的影响。

87. 数字时代的人工智能生成内容与艺术运动：探索人工智能生成的艺术和文学如何在当代数字时代贡献或挑战既定的艺术运动和流派。

88. 人工智能生成内容与认知负荷：调查用户在与人工智能生成的多媒体内容互动时所经历的认知负荷及其对信息保留和理解的影响。

89. 人工智能生成内容与生成对抗网络（GANs）：研究 GANs 在创建人工智能生成内容中的应用，包括文本到图像的合成和图像到文本的生成。

90. 人工智能生成内容与视觉隐喻：调查人工智能生成内容如何使用视觉隐喻来传达复杂的思想和概念，并将其与人类生成的隐喻进行比较。

91. 人工智能生成内容在电影和动画中的应用：研究将人工智能生成的视觉效果、场景和动画整合到电影和娱乐产业中，以及评估其对叙事和制作过程的影响。

92. 人工智能生成内容与多模态情感分析：分析人工智能系统在检测和理解文本和视觉内容中的情绪的准确性，并探索在情感分析中的应用。

93. 人工智能生成内容与互动艺术装置：探索在互动艺术装置、博物馆和展览中使用人工智能生成内容，以吸引观众参与新颖和沉浸式的体验。

94. 人工智能生成内容与文学批评：调查如何使用传统文学批评方法分析人工智能生成的文学和诗歌，检查主题、风格和解释。

95. 人工智能生成内容与视觉数据新闻：研究人工智能生成的数据可视化、信息图和地图如何增强数据驱动的新闻报道，使复杂信息更易于读者理解。

96. 人工智能生成内容与实时内容生成：分析人工智能系统生成实时文本和视觉内容的潜力，应用于直播突发事件、体育转播和新闻报道等场合。

97. 人工智能生成内容与记忆增强：探索人工智能生成内容如何协助个人通过创建多媒体叙事来记录和回忆个人记忆。

98. 人工智能生成内容与自主艺术创作：研究不依赖人类干预自主创作艺术的人工智能系统，包括它们的创造过程、决策和艺术演变。

99. 人工智能生成内容与跨学科合作：研究人工智能从业者、艺术家、语言学家和各领域学者之间的合作项目，探索跨学科工作在人工智能生成内容中的协同作用和挑战。

100. AI 生成图像的视觉语义学：研究 AI 生成的图像如何传达意义和象征，以及这些视觉语义学与人类生成图像的比较。

101. AIGC 中的叙述连贯性：分析 AI 生成的文本和图像结

合的连贯性和叙述流程，探讨改善叙述连贯性的策略。

102. AIGC 中的文化背景：研究 AI 生成内容如何在文化细微差别方面具有上下文意识，包括生成文化相关和敏感的图像和文本。

103. 用户与 AI 生成多媒体的互动：探讨用户如何感知和与 AI 生成的多媒体内容互动，包括用户偏好、情感反应和参与度指标。

104. AIGC 在艺术史研究中的应用：研究 AI 生成内容在艺术史研究中的应用，包括分析 AI 生成的艺术作品以及它们在艺术史中的地位。

105. AI 增强的图像描述：研究提高 AI 生成图像描述质量和信息性的技术，考虑文字描述和解释性见解两方面。

106. AIGC 与创意写作：分析 AI 如何激发和协助人类创意写作，包括生成视觉提示和叙述创意。

107. AI 生成图像的视觉修辞：探索 AI 生成内容中的说服和修辞元素，包括它们在广告和宣传中的应用。

108. AIGC 在教育材料中的应用：研究 AI 生成教育材料的有效性，包括结合文本和图像的教育材料对学习成果和参与度的影响。

109. AIGC 和内容自适应：研究 AI 如何将内容自适应不同受众，包括为儿童、青少年和成年人生成适龄合适的图像和文本。

110. AIGC 和视觉诗歌：调查通过结合 AI 生成的图像和文本内容来创作视觉诗歌和实验性艺术形式。

111. AIGC 和跨文化美学：研究 AI 如何调整其视觉和文本

输出，以符合不同文化审美和感知。

112. AIGC 和新闻叙事中的视觉元素：分析 AI 生成的图像和文本在新闻报道中的使用，以增强叙事和传达复杂故事的影响。

113. AI 生成内容在电影和动画中的应用：研究 AI 生成的视觉效果、场景和动画如何融入电影和娱乐业，以及它们对叙事和制作流程的影响。

114. AIGC 和情感多模态分析：分析 AI 系统在检测和理解文本和图像内容中的情感方面的准确性，探讨情感分析的应用。

115. AIGC 和互动艺术装置：探索 AI 生成的内容如何在互动艺术装置、博物馆和展览中使用，以吸引参观者参与新颖和沉浸式体验。

116. AI 生成内容在社会科学中的应用：研究 AI 生成内容在社会科学研究中的应用，包括内容分析、情感分析和跨文化研究等领域。

117. AIGC 和交互式艺术制作：探讨 AI 生成内容如何用于制作交互式艺术作品、博物馆和展览，以及其对访客产生新奇和沉浸式体验的影响。

118. AIGC 和文学批评：研究 AI 生成的文学和诗歌如何使用传统文学批评方法进行分析，包括主题、风格和解释等方面的研究。

119. AIGC 和人工智能与人工智能领域的跨学科合作：研究 AI 从业者、艺术家、语言学家和各个领域学者之间的合作项目，探索跨学科工作在 AIGC 中的协同作用和挑战。

120. AI 生成内容和虚拟现实（VR）艺术：探讨 AI 生成内容如何用于创建沉浸式的虚拟现实艺术体验，包括虚拟画廊和虚拟艺术展览。

121. AIGC 和文化表达：研究 AI 生成内容如何在全球范围内促进文化表达，包括生成多语言、多文化和多样化的文本和图像。

122. AIGC 和影视制作：分析 AI 生成的内容在电影和电视制作中的应用，包括特效、场景生成和自动化制作过程。

123. AI 生成内容和教育研究：研究 AI 生成内容如何用于教育研究，包括生成教育教材、自动化评估和个性化教育。

124. AIGC 和大数据分析：探讨 AI 生成内容的应用，以帮助分析大规模数据集，包括文本数据和图像数据的分析。

125. AIGC 和创作工具开发：研究开发用于创建 AI 生成内容的工具和平台，以提高创作者的效率和创意。

126. AI 生成内容和虚拟演出：分析 AI 生成内容在虚拟演出、音乐会和戏剧中的应用，以创造新颖的演艺体验。

127. AIGC 和心理学研究：研究 AI 生成内容如何用于心理学研究，包括情感分析、情绪调节和心理治疗。

128. AIGC 和社交媒体分析：探讨 AI 生成内容在社交媒体分析和趋势预测中的应用，包括社交媒体帖子和趋势生成。

129. AI 生成内容和新媒体叙事：研究 AI 生成内容如何塑造新媒体叙事，包括数字出版、博客和在线新闻报道。

130. AIGC 和可解释性：探讨如何增强 AI 生成内容的可解释性，以便用户能够理解 AI 系统的决策和生成过程。

131. AIGC 和多模态合成：研究如何将文本、图像和声音等多种模态的信息融合在一起，以创造更丰富的 AI 生成内容。

132. AI 生成内容与虚拟助手：分析 AI 生成内容如何与虚拟助手集成，以增强用户交互和叙事能力。

133. AI 生成内容用于跨媒体适应：探讨 AI 如何将内容在不同媒体之间进行适应，例如将文本故事转化为视觉形式或反之，并评估此类适应的效果。

134. AI 生成内容与社交影响：分析 AI 生成内容对社交媒体平台的影响，包括其在塑造公众意见、趋势和病毒内容方面的作用。

135. AI 生成内容在广告创意中的应用：研究 AI 如何协助广告创意过程，包括生成广告文案、视觉概念和多媒体内容。

136. AI 生成内容和语言振兴：探讨 AI 生成文本和图像在保护和振兴濒危语言方面的应用，包括创建教育材料和文化资源。

137. AI 生成内容在艺术教育中的应用：研究将 AI 生成内容融入艺术教育课程的方法，包括在教授艺术技巧和历史方面的应用。

138. AI 生成内容用于科学传播：探讨 AI 如何协助创建用于向广大受众传达复杂科学概念和数据的视觉和文本内容。

139. AI 生成内容与认知科学：分析人们在感知和理解 AI 生成的文本和图像时所涉及的认知过程，以及与人类生成内容的比较。

140. AIGC 与虚拟博物馆展览：探索 AI 生成内容如何用于创建虚拟博物馆展览，提供沉浸式体验，包括 AI 生成的图像和文本描述。

141. AIGC 与创作工具的发展：研究开发用于创建 AI 生成内容的创作工具和平台，以提高艺术家和创作者的创作能力。

142. AIGC 与艺术史研究：研究 AI 生成的艺术品如何影响艺术史研究，包括其在艺术历史中的地位和影响。

143. AIGC 与图像生成：探讨 AI 生成图像的技术，包括生成高分辨率图像和艺术风格转换。

144. AIGC 与虚拟现实和增强现实：研究 AI 生成内容在虚拟现实（VR）和增强现实（AR）中的应用，包括 AR/VR 体验的创作和叙事。

145. AIGC 与品牌建设和市场营销：分析 AI 生成的视觉和文本内容对品牌策略、用户参与和消费者行为的影响。

146. AI 生成内容与大规模协作：探讨 AI 系统与创意产业专业人士之间的大规模协作项目，以增强创意过程和结果。

147. AIGC 与数字人文学：研究 AI 生成内容在数字人文学研究中的应用，包括数字档案、文化遗产和历史文献的分析和可视化。

148. AIGC 和虚拟人物创作：探讨 AI 如何生成虚拟人物的文本和图像，包括虚拟角色的设计和叙事。

149. AIGC 与生态学研究：研究 AI 生成内容如何在生态学领域中应用，包括生态信息可视化和环境叙事。

150. AI 生成内容的情感分析：分析 AI 生成的文本和图像中的情感表达，研究情感生成技术的有效性和应用。

151. AIGC 和全球文化交流：探讨 AI 生成内容如何促进全球文化之间的交流和理解，包括跨文化传播和翻译。

152. AIGC 与游戏开发：研究 AI 生成内容在游戏开发中的

应用，包括生成游戏世界、包括地图、地形和道路的生成、角色和故事元素。

153. AIGC 与音乐创作：探索 AI 生成内容如何用于音乐创作，包括生成音乐作品的旋律和歌词。

154. AI 生成内容和道德问题：研究 AI 生成文本和图像在道德和伦理方面的挑战，包括内容伦理和隐私问题。

155. AIGC 与心理治疗和辅导：探讨 AI 生成内容在心理治疗和心理辅导中的应用，包括情感支持和心理健康资源。

156. AIGC 和气候变化传播：研究 AI 生成内容如何用于传播气候变化问题，包括可视化气候数据和信息传递。

157. AIGC 与虚拟旅游：探索 AI 生成内容在虚拟旅游中的应用，包括虚拟旅游体验和远程教育。

158. AIGC 与医疗影像分析：探索 AI 生成内容在医学和医疗领域中的应用，包括生成医学影像和诊断文本。

159. AIGC 与虚拟人机界面：研究 AI 生成内容如何改进虚拟人机界面，包括虚拟助手和机器人交互。

160. AI 生成内容和自然界复制：分析 AI 生成文本和图像的自然界复制能力，包括生态系统、动植物和地理景观的模拟。

161. AIGC 与法律和知识产权：研究 AI 生成内容在法律和知识产权领域的应用，包括版权、专利和法律文书生成。

162. AIGC 与音视频制作：探讨 AI 生成内容如何用于音频和视频制作，包括自动化视频编辑和音频生成。

163. AIGC 与环境保护：研究 AI 生成内容如何应用于环境保护和可持续发展，包括环境教育和意识提升。

164. AI 生成内容和跨文化研究：分析 AI 生成文本和图像在跨文化研究中的应用，包括文化差异和交流分析。

165. AIGC 与社交机器人：探讨 AI 生成内容如何用于开发社交机器人的对话和外观，以提高用户体验。

166. AIGC 与卫生保健信息传播：研究 AI 生成内容在卫生保健信息传播和健康教育中的应用，包括创建健康宣传资料。

167. AIGC 与人机协作：探讨 AI 生成内容如何与人类合作，包括共同创作、教育合作和创意合作。

168. AI 生成内容和文化保护：研究 AI 生成内容在保护和传承文化遗产方面的应用，包括数字化文化物品和传统知识的保存。

169. AIGC 与体育分析：分析 AI 生成内容在体育分析和表现评估中的应用，包括比赛数据可视化和运动员训练。

170. AIGC 与科学研究：研究 AI 生成内容如何用于科学研究，包括实验结果可视化和科学文献生成。

171. AIGC 与电子商务：研究 AI 生成内容在电子商务中的应用，包括商品描述生成和个性化推荐。

172. AI 生成内容和情感机器人：分析 AI 生成内容在情感机器人和虚拟助手中的应用，包括情感表达和互动设计。

173. AIGC 与政治传播：探讨 AI 生成文本和图像在政治传播和选举宣传中的作用，包括政治漫画和海报生成。

174. AI 生成内容和虚拟教育：研究 AI 生成内容如何用于虚拟教育和在线学习，包括教育模拟和虚拟实验室。

175. AIGC 与可持续发展：探索 AI 生成内容如何支持可持续发展目标，包括可持续城市规划和环保倡议。

学习 AIGC 文图学可以开展的 150 种新工作领域

OpenAI ChatGPT，2024 年 3 月 10 日

1. AIGC 内容创造者：利用 AIGC 技术创造新的文本和图像内容，如小说、诗歌、艺术作品等。

2. AIGC 研究员：在学术或研究机构中，探索 AIGC 技术在文图学领域的应用和发展。

3. AIGC 应用开发者：开发利用 AIGC 技术的应用程序，如自动生成图像的软件、智能写作助手等。

4. 文化遗产保护专家：利用 AIGC 技术复原和保护历史文物和艺术作品。

5. AIGC 教育工作者：在学校或教育机构中教授 AIGC 相关课程，培养未来的 AIGC 专家。

6. AIGC 媒体分析师：分析和解读通过 AIGC 技术生成的媒体内容，评估其影响和价值。

7. AIGC 伦理顾问：就 AIGC 技术的使用提供伦理指导和建议，确保其符合道德和法律标准。

8. AIGC 版权顾问：帮助艺术家、作家和创意人员管理和保护他们在 AIGC 时代的版权和知识产权。

9. AIGC 心理学家：研究 AIGC 技术对人类情感、认知和行为的影响，为 AIGC 应用的设计和开发提供心理学指导。

10. AIGC 艺术策展人：组织和策划展示 AIGC 生成艺术作品的展览，探索艺术与技术的融合。

11. AIGC 内容审核员：审核由 AIGC 技术生成的内容，确保其符合社会、文化和法律标准。

12. AIGC 营销专家：利用 AIGC 技术进行市场分析、广告创作和品牌推广，创造新的营销策略。

13. AIGC 数据分析师：分析 AIGC 技术生成的大量数据，提供洞察和决策支持。

14. AIGC 翻译专家：利用 AIGC 技术进行语言翻译和跨文化交流，提高翻译的准确性和效率。

15. AIGC 用户体验设计师：设计和改进 AIGC 应用的用户界面和交互体验，确保产品的易用性和吸引力。

16. AIGC 策略顾问：为企业和组织提供关于如何有效利用 AIGC 技术的战略建议和规划。

17. AIGC 内容策划师：策划和管理 AIGC 生成内容的发布和分发，确保内容的相关性和吸引力。

18. AIGC 项目经理：负责 AIGC 技术项目的规划、执行和监控，确保项目按时按预算完成。

19. AIGC 法律顾问：就 AIGC 技术的使用和应用提供法律咨询，包括合规性、隐私保护和知识产权等方面。

20. AIGC 社会学家：研究 AIGC 技术对社会结构、文化和人际关系的影响，提供社会学洞察。

21. AIGC 网络安全专家：保护 AIGC 系统和数据免受网络攻击和安全威胁，确保技术的安全性和可靠性。

22. AIGC 政策分析师：研究和分析政府和国际机构关于 AIGC 技术的政策和法规，提供政策建议。

23. AIGC 科技评论员：撰写和评论关于 AIGC 技术发展、应用和趋势的文章和报告，为公众提供信息和见解。

24. AIGC 创新顾问：帮助企业和组织探索和实施 AIGC 技

术创新，推动业务增长和效率提升。

25. AIGC 故事讲述者：利用 AIGC 技术创作和讲述故事，结合文学和视觉艺术创造独特的叙事体验。

26. AIGC 咨询师：为客户提供 AIGC 技术的咨询服务，包括技术选型、系统集成和性能优化等。

27. AIGC 健康专家：研究 AIGC 技术在医疗和健康领域的应用，如智能诊断、个性化治疗计划和健康监测。

28. AIGC 环境科学家：利用 AIGC 技术分析和预测环境变化，为环境保护和可持续发展提供科学支持。

29. AIGC 人力资源专家：在人力资源管理中应用 AIGC 技术，如自动化招聘、员工培训和绩效评估。

30. AIGC 政治分析师：研究 AIGC 技术在政治领域的应用和影响，如舆情分析、选举预测和政策制定。

31. AIGC 影视制作专家：利用 AIGC 技术创作和编辑影视作品，提高制作效率和创意表达。

32. AIGC 音乐创作家：运用 AIGC 技术创作音乐和声音艺术，探索音乐创新和表现形式。

33. AIGC 游戏设计师：在游戏开发中应用 AIGC 技术，创造更丰富的游戏世界和互动体验。

34. AIGC 物流分析师：利用 AIGC 技术优化供应链和物流管理，提高效率和减少成本。

35. AIGC 教育技术专家：开发和应用 AIGC 技术于教育领域，如智能教学系统和个性化学习平台。

36. AIGC 商业智能分析师：利用 AIGC 技术分析商业数据，提供洞察和决策支持。

37. AIGC 语言学家：研究 AIGC 技术在语言学习和处理中的应用，如自然语言处理和语言生成。

38. AIGC 公共关系专家：运用 AIGC 技术进行品牌管理和公共关系活动，提高传播效果和公众参与。

39. AIGC 建筑设计师：利用 AIGC 技术进行建筑设计和规划，提高设计效率和创新性。

40. AIGC 人文学者：研究 AIGC 技术对人文学科的影响和应用，如历史、哲学和文学研究。

41. AIGC 旅游规划师：利用 AIGC 技术为旅游业提供个性化推荐和智能规划服务，改善游客体验。

42. AIGC 农业专家：应用 AIGC 技术于农业领域，如作物病害预测、智能灌溉和精准农业。

43. AIGC 食品科技专家：利用 AIGC 技术研究和开发新食品配方、改善食品生产流程和质量控制。

44. AIGC 航空分析师：在航空领域应用 AIGC 技术，如航班优化、安全分析和客户服务。

45. AIGC 汽车工程师：利用 AIGC 技术研发智能汽车系统，如自动驾驶、车辆诊断和驾驶辅助。

46. AIGC 城市规划师：应用 AIGC 技术于城市规划和管理，如交通流量分析、公共设施布局和环境监测。

47. AIGC 电子商务专家：利用 AIGC 技术优化电子商务平台，如个性化推荐、客户行为分析和库存管理。

48. AIGC 金融分析师：在金融领域应用 AIGC 技术，如风险管理、投资策略和市场预测。

49. AIGC 房地产顾问：利用 AIGC 技术进行房地产市场分

析、价格预测和物业管理。

50. AIGC 出版编辑：在出版行业应用 AIGC 技术，如自动校对、内容生成和市场分析。

51. AIGC 图像分析师：利用 AIGC 技术分析图像内容，提供图像识别、分类和解释服务，应用于医学诊断、安全监控和环境研究等领域。

52. AIGC 插画师：利用 AIGC 技术创作插画和视觉艺术作品，为书籍、杂志和广告提供独特的视觉效果。

53. AIGC 文档自动化专家：开发和应用 AIGC 技术自动化文档处理，如自动生成报告、合同和摘要。

54. AIGC 文本挖掘分析师：利用 AIGC 技术进行文本挖掘和分析，从大量文本数据中提取有用信息和知识。

55. AIGC 图书馆员：在图书馆和档案馆中应用 AIGC 技术，改善文献检索、分类和管理。

56. AIGC 出版技术专家：利用 AIGC 技术改进出版流程，如自动排版、版权管理和数字出版。

57. AIGC 艺术评论家：运用 AIGC 技术分析和评论艺术作品，提供深入的艺术批评和理解。

58. AIGC 文化遗产专家：利用 AIGC 技术数字化和保护文化遗产，如古迹重建、文物修复和历史文献保存。

59. AIGC 博物馆展览设计师：在博物馆和展览中应用 AIGC 技术，创造互动和沉浸式的展览体验。

60. AIGC 文学分析师：运用 AIGC 技术进行文学作品的分析和研究，探索文学理论和批评。

61. AIGC 版画家：利用 AIGC 技术创作数字版画，结合传统版画技术和数字创新，为艺术市场提供新的视觉作品。

62. AIGC 动画师：运用 AIGC 技术创作和制作动画，提高动画制作的效率和创意表达。

63. AIGC 艺术品鉴定专家：利用 AIGC 技术对艺术品进行鉴定和估价，提高鉴定的准确性和效率。

64. AIGC 视觉传达设计师：在视觉传达设计中应用 AIGC 技术，创造创新的视觉语言和沟通策略。

65. AIGC 图形设计师：利用 AIGC 技术进行图形设计，提高设计的创新性和个性化。

66. AIGC 文化分析师：运用 AIGC 技术进行文化研究和分析，探索文化趋势和社会影响。

67. AIGC 文学编辑：在编辑出版过程中应用 AIGC 技术，改进文本编辑、校对和排版。

68. AIGC 历史研究员：利用 AIGC 技术进行历史研究和分析，挖掘历史文献和资料。

69. AIGC 古籍修复专家：运用 AIGC 技术修复和保护古籍，提高修复的精确度和效率。

70. AIGC 文化传播专家：利用 AIGC 技术进行文化传播和推广，创造新的传播渠道和内容。

71. AIGC 档案管理专家：利用 AIGC 技术对档案资料进行数字化管理和检索，提高档案的可访问性和保护效率。

72. AIGC 图像修复专家：运用 AIGC 技术进行图像修复，恢复受损的照片或艺术品，保留历史和文化价值。

73. AIGC 数字人文学者：结合 AIGC 技术和人文学科知识，开展数字人文学研究，探索文化、历史和社会现象。

74. AIGC 展览策划师：利用 AIGC 技术策划和设计展览，创造互动和创新的展览体验。

75. AIGC 艺术教育家：在艺术教育中应用 AIGC 技术，开发创新的教学方法和教育资源。

76. AIGC 文化政策分析师：利用 AIGC 技术分析文化政策和战略，为政府和组织提供决策支持。

77. AIGC 文学代理人：运用 AIGC 技术协助作家发现出版机会，分析市场趋势和读者喜好。

78. AIGC 文化旅游规划师：利用 AIGC 技术规划文化旅游路线和活动，提升旅游体验和文化交流。

79. AIGC 美术馆管理专家：在美术馆管理中应用 AIGC 技术，优化展览管理和观众互动。

80. AIGC 文化咨询顾问：为企业和组织提供基于 AIGC 技术的文化咨询服务，促进品牌和文化价值的传播。

81. AIGC 剧本作家：利用 AIGC 技术辅助剧本创作，生成创意点子、情节发展对话，提高创作效率和创新性。

82. AIGC 广告创意设计师：运用 AIGC 技术创作广告内容和视觉设计，提升广告的创意表达和目标受众的吸引力。

83. AIGC 时尚设计师：利用 AIGC 技术进行时尚设计和趋势分析，创造个性化和前沿的时尚产品。

84. AIGC 文化产业分析师：分析和研究文化产业的发展趋势、市场机会和竞争环境，指导企业战略规划。

85. AIGC 艺术品投资顾问：运用 AIGC 技术分析艺术品市场和投资潜力，为投资者提供专业建议。

86. AIGC 漫画家/插图师：利用 AIGC 技术创作漫画和插

图，提高作品的创意和生产效率。

87. AIGC 视觉效果设计师：在电影、电视和游戏制作中应用 AIGC 技术，创造逼真的视觉效果和动画。

88. AIGC 印刷技术专家：利用 AIGC 技术改进印刷工艺，提高印刷质量和效率，实现个性化定制。

89. AIGC 文化活动策划师：运用 AIGC 技术策划和执行文化活动，提高活动的创意和参与度。

90. AIGC 艺术品复制专家：利用 AIGC 技术精确复制艺术品，用于教育、展览和销售。

91. AIGC 纪录片制作人：利用 AIGC 技术进行纪录片的研究、剧本编写和后期制作，提高纪录片的制作效率和创新性。

92. AIGC 艺术品鉴赏教育家：运用 AIGC 技术开展艺术品鉴赏教育，提供互动式和个性化的学习体验。

93. AIGC 文化遗址保护专家：利用 AIGC 技术进行文化遗址的数字化保护和恢复，促进遗产保护和研究。

94. AIGC 文化数据分析师：分析文化相关的大数据，为文化政策制定、市场研究和产业发展提供数据支持。

95. AIGC 艺术品电商平台运营专家：利用 AIGC 技术运营艺术品电商平台，提升用户体验和销售效率。

96. AIGC 图书设计师：运用 AIGC 技术进行图书的设计和排版，创造美观和易读的图书布局。

97. AIGC 文化媒体编辑：利用 AIGC 技术编辑和发布文化相关的媒体内容，提高内容的质量和传播效果。

98. AIGC 艺术基金管理者：运用 AIGC 技术管理艺术基金，进行艺术品投资和收藏的分析和决策。

99. AIGC 文化交流协调员：利用 AIGC 技术促进国际文化交流和合作，增强跨文化理解和交流。

100. AIGC 文化产业发展顾问：为文化产业的发展提供基于 AIGC 技术的咨询和策略规划，推动产业创新和升级。

101. AIGC 艺术咨询师：为个人和机构提供艺术品购买、收藏和投资的专业咨询服务，利用 AIGC 技术进行市场分析和艺术品评估。

102. AIGC 文化项目经理：负责规划和执行基于 AIGC 技术的文化项目，确保项目的成功实施和目标达成。

103. AIGC 艺术治疗师：结合 AIGC 技术和艺术治疗方法，为个人提供情感表达和心理康复的支持。

104. AIGC 文化产业投资分析师：分析文化产业的投资机会和风险，为投资决策提供数据支持和建议。

105. AIGC 文化品牌经理：利用 AIGC 技术构建和管理文化品牌，提升品牌影响力和市场竞争力。

106. AIGC 文化传媒企业家：创办基于 AIGC 技术的文化传媒企业，开发创新的文化产品和服务。

107. AIGC 艺术作品认证专家：利用 AIGC 技术对艺术作品进行真伪鉴定和认证，保障艺术品的真实性和价值。

108. AIGC 文化统计分析师：运用 AIGC 技术进行文化领域的统计分析，为文化政策制定和评估提供数据支持。

109. AIGC 艺术教育平台开发者：开发基于 AIGC 技术的艺术教育平台，提供在线艺术教育资源和课程。

110. AIGC 文化旅游体验设计师：利用 AIGC 技术设计创新的文化旅游体验产品，提升游客的文化体验和满意度。

111. AIGC 视觉传媒分析师：运用 AIGC 技术对视觉媒体内容进行分析，评估其视觉效果和传播效果。

112. AIGC 艺术品数字化专家：负责艺术品的数字化工作，使用 AIGC 技术进行高精度扫描和复制，以便于保存和研究。

113. AIGC 文化咨询服务提供者：为企业和机构提供基于 AIGC 技术的文化咨询服务，帮助客户解决文化相关的问题和挑战。

114. AIGC 文化内容创意总监：负责策划和指导基于 AIGC 技术的文化内容创作，保证内容的创新性和艺术性。

115. AIGC 文化市场研究员：运用 AIGC 技术对文化市场进行研究，分析消费者行为和市场趋势。

116. AIGC 文化活动直播制作人：利用 AIGC 技术进行文化活动的直播制作，提高直播的互动性和观赏性。

117. AIGC 艺术评论平台运营者：运营基于 AIGC 技术的艺术评论平台，为用户提供专业的艺术评价和讨论空间。

118. AIGC 文化遗产数字展示设计师：设计基于 AIGC 技术的文化遗产数字展示方案，提升文化遗产的展示效果和教育价值。

119. AIGC 文化项目众筹顾问：为基于 AIGC 技术的文化项目提供众筹咨询服务，帮助项目筹集资金和资源。

120. AIGC 文化产业链协调员：协调文化产业链中各个环节的合作，利用 AIGC 技术提升产业链的效率和创新能力。

121. AIGC 文化创意产业发展策划师：运用 AIGC 技术为文化创意产业的发展提供策划和咨询服务，促进产业创新和升级。

122. AIGC 艺术品交易平台运营专家：负责运营基于 AIGC 技术的艺术品交易平台，提供安全、透明的交易环境。

123. AIGC 文化传播策略顾问：为企业和机构提供基于 AIGC 技术的文化传播策略咨询，帮助客户有效传播文化价值。

124. AIGC 文化创新孵化器经理：管理和运营文化创新孵化器，支持基于 AIGC 技术的文化创新项目和创业团队。

125. AIGC 艺术品保险评估师：利用 AIGC 技术对艺术品进行保险评估，为艺术品提供专业的保险服务。

126. AIGC 文化公关专家：运用 AIGC 技术进行文化公关活动的策划和执行，提升公关活动的效果和影响力。

127. AIGC 艺术教育课程开发者：开发基于 AIGC 技术的艺术教育课程，为学生提供创新和互动的学习体验。

128. AIGC 文化内容分发经理：负责基于 AIGC 技术的文化内容的分发和推广，确保内容的广泛传播和接受度。

129. AIGC 艺术品估价师：利用 AIGC 技术对艺术品进行估价，为艺术品买卖和投资提供专业的价格评估。

130. AIGC 文化产业政策研究员：研究和分析文化产业政策，为政府和机构提供基于 AIGC 技术的政策建议和分析。

131. AIGC 文化资产管理专家：利用 AIGC 技术对文化资产进行管理和评估，为文化资产的保护和利用提供科学依据。

132. AIGC 艺术品拍卖分析师：运用 AIGC 技术分析艺术品拍卖市场，为拍卖活动提供数据支持和策略建议。

133. AIGC 文化项目评估专家：负责对基于 AIGC 技术的文化项目进行效果评估和分析，确保项目的有效性和可持续性。

134. AIGC 文化创意产品开发经理：利用 AIGC 技术开发文

化创意产品，结合文化元素和技术创新，满足市场需求。

135. AIGC 艺术品修复技术专家：运用 AIGC 技术进行艺术品的修复和保养，提高修复工作的精确性和效率。

136. AIGC 文化交流项目协调员：负责协调和管理基于 AIGC 技术的文化交流项目，促进不同文化的交流和理解。

137. AIGC 艺术基金会运营经理：管理艺术基金会的日常运营，利用 AIGC 技术进行艺术项目的策划和管理。

138. AIGC 文化创业指导师：为基于 AIGC 技术的文化创业项目提供指导和支持，帮助创业者实现创意和商业化。

139. AIGC 艺术品物流专家：利用 AIGC 技术优化艺术品的物流和运输，确保艺术品的安全和高效运输。

140. AIGC 文化传承专家：运用 AIGC 技术研究和推广文化传承项目，保护和传承非物质文化遗产。

141. AIGC 艺术评论播客主持人：利用 AIGC 技术制作和主持艺术评论播客，为听众提供深入的艺术分析和评论。

142. AIGC 文化产业投融资顾问：为文化产业的投融资活动提供基于 AIGC 技术的咨询服务，帮助企业和投资者做出明智的投资决策。

143. AIGC 艺术品数字档案管理员：负责管理基于 AIGC 技术的艺术品数字档案，确保艺术品信息的完整性和可访问性。

144. AIGC 文化内容营销专家：利用 AIGC 技术进行文化内容的营销推广，提升内容的影响力和受众覆盖。

145. AIGC 艺术教育培训师：运用 AIGC 技术进行艺术教育培训，提供创新的教学方法和学习体验。

146. AIGC 文化节目制片人：负责制作基于 AIGC 技术的文

化节目，提高节目的创意性和观赏价值。

147. AIGC 艺术家品牌经理：运用 AIGC 技术管理和推广艺术家品牌，提升艺术家的市场影响力和商业价值。

148. AIGC 文化创意工作室创始人：创立基于 AIGC 技术的文化创意工作室，开发和推广创新的文化产品和服务。

149. AIGC 艺术品认证平台技术专家：负责开发和维护基于 AIGC 技术的艺术品认证平台，确保平台的技术先进性和安全性。

150. AIGC 文化数据可视化设计师：利用 AIGC 技术将文化数据转化为直观的可视化信息，帮助用户更好地理解和分析文化现象。

后记　AI让你更像人

想和中学时的自己和解

这一刻，我庆幸自己活着。活到了见证人类文明达到另一个层次的时刻。

大疫期间，我有时焦虑，担心这世纪不治之症会不会降临到我的身上。我会因病隔离，来不及和所爱的人好好道别；或者给家人添麻烦。我在我的书《陪你去看苏东坡》后面，写下了我的生平和写作大事记，心想：如果我就此撒手人寰，好歹曾经有我写过的一本书，记录了我曾经走过的路。

老天眷顾，我躲过大疫，却莫名得了骨痛热症，这也是无药可医的。医院没有足够的病床，我坐在轮椅上，奄奄一息，似梦似醒，只觉得眼前医护人员的身影，匆匆忙忙，来来往往地闪过。

我又开始想，有什么我还想完成的事呢？

继续突破自己的舒适圈，探勘自己的可能性吧。

于是，我想和中学时的自己和解。和那个恐惧数理，紧张时、烦恼时，总是会梦见考数学的自己和解。

放弃写诗

身后墙上轰轰作响的空调，滴水蔓延到我的脚边，淹上我的鞋背，浸湿我的袜子。双脚冰凉，小腿抽筋，我惊醒时一身冷汗。

另外一件真实发生的事情，是我面对数学考卷，脑中一片空白。补习班监考的老师在我们四周来回巡逻。我必须假装自己正在振笔疾书，但又不知道要写什么。于是在考卷的背面，随便胡诌了几句发牢骚的文字，算是打油诗吧。

结果被老师发现了。

他一把抽起了我的考卷，翻到正面，我什么也没写。

他冷笑了几声，叫我站起来。拿起藤条，示意我伸出双手。

啪啪啪啪的抽打声音，引起所有人的侧目。

我一直忍耐到回家的公车上。夜雨倾盆，我在车窗的白雾上，用食指轻轻地画了两笔，写了一个字："人"。

人，为什么活着？为什么要在集体的价值观之下活着？为什么自己的生活要被他人评判？自己的能力要取决于他人是否喜欢？

从此，写诗成了我比考数学更大的阴影。

那不是来自周边目光的羞辱，而是我的自我贬抑。你成绩这么差，配写诗吗？你写的，这些乱七八糟的字，是诗吗？

我放弃写诗。也放弃数学。考不上最好的高中，幸亏我考上的是第二志愿，对父母来说差强人意。

高中三年，我放弃了数学。幸好数学老师并没有放弃我。

数学总成绩差一点点及格，数学老师很大方，给我加分，让我可以顺利毕业。

大学考试前一个月，我集中精力，把之前搞社团、乐队，担任毕业生联合会主席所耗费的时间、所缺的课，在那一个月自己补齐。唯独数学，我想，就不用再妄想了。

投机取巧考上台大

我做了不算作弊，但是投机取巧的事情。大学数学考卷上的题目，我看得似懂非懂，实在不知道该怎么计算。

于是我拿出量尺，量题目上画的三角形的边。

考试会倒扣分数，就是说，如果答错了，不但那题没有分数，还会被多扣分。所以我只写那些用量尺找得到符合数字答案的选择题。或者用推导的方式，把选择题的答案放回题目里，想哪个可能是正确的。

大学放榜的榜单会夹在当天的报纸里。好同学从几所私立大学的录取名单里没有找到我的名字，打电话给我，似乎难以启齿，要说出安慰我的话。我得意洋洋地说："你没看见吗？我就在最前面，台湾大学中文系啊！"

我的数学考了 58 分。刚好是三次模拟考试数学成绩的总和。凭着这侥幸的好运，我才进得了台湾大学。最开心的，莫过于再也可以不用管数理了。

但是我的数学噩梦并没有离开我的人生。

我胸无大志，从未考过第一名，也从不想自己能够面面俱到，文武双全。随着年岁增长，我越来越发现，文理分科的二分法，让我也把世界分成了两半。这其实太过极端。我想：无论是老天创生，或是人类的发明，总有存在的理由。

我后来自己读书，才晓得数学的目的并不是计算，而是逻辑推理。推理的思维可以用文字表达，也可以用符号数字表达。计算的过程和结果，就是推理的过程和答案。无论是用文字或是符号数字，都是文本。文本只有媒介属性，比如是图像还是声音？是固定还是动态？人文中有科学依据；数理也需要语文呈现。过度强调文科还是理科是会有偏差的。然而我毕竟是在文理分科的制度之下长大，也一直以文科生自居。一直到我想要弄清楚怎样才可以和中学时恐惧数学的自己和解。很庆幸，我活到了人工智能的时代。

可以用人类的自然语言和 AI 交流沟通，AI 生成的内容，文字、图像、视频。都是我们原来以为只有人类才能擅长的。朋友打趣说："以前我们以为发展人工智能，就是要让 AI 机器人帮我们端茶倒水，打扫厕所，我们轻轻松松地写诗，画画，唱歌。生成式 AI 不能帮我们端茶倒水，打扫厕所，他轻轻松松地写诗，画画，唱歌，怎么不让人类怀疑人生呢？"

AIGC 文图学，为现在而学

一边在和 AI 生成的工具玩各种生成文本的随机性，我越发认可自己在 2014 年提出文图学（Text and Images Studies）的概念时，没有把文图学的"文"只限定在文学或是文字；"图"也不限定在美术或是绘画。你看，生成式 AI（AIGC，AI Generated Content）就是 text to image（文字文本生成图像文本）；或者是 image to text（图像文本转成文字叙述）。于是我想结合 AIGC 和文图学开设一门课程，也为这门课程写一些参考的素材。这本《AIGC 文图学》就这样从脑海中逐渐成为现实。

既然要写 AIGC，我除了要玩转一些 AIGC 的工具，也要做大量的实验，看看 AI 的能力究竟有多强？所以我用了 Open AI 的 ChatGPT，Microsoft Bing（Copilot），Google Bard（Gemini），以及 Anthropic 的 Cloude 等等。将我设计的内容和问题，组织我的思考，结合它们的回答，交叉验证，去芜存菁，实践人类 3.0 时代人类和 AI 合作共创新文明的方式。这本书也可以说就是一本实验报告。

人们常说 AI 像个黑盒子，具有不可解释的部分。连 ChatGPT 自己也说：不能证伪，不能解释是 AI 的其中一个缺点。然而，对我来说，类似玄学的不可解释，不可证伪，反而是 AI 令我着迷的地方。它让我发现我以为冷冰冰、坚固不可摧，只有唯一标准答案的数理，其实还有很大的值得探索的空间。或者说，我感到 AI 虽然基于大语言模型，像是文字造句接龙一般，自动生成可能符合我们问题的答案，但是科学家一直在努力要让 AI 向人类看齐。换句话说，就是要在数理中加入人文；要让 AI 尽量像人。而人，经常自己都不了解自己，自己就是个黑盒子，这也正是人有趣的地方啊。

我从很早就对人工智能非常感兴趣。看电影《2001 太空漫游》（*2001：A Space Odyssey*）最惊奇的是电影当中的人工智能 HAL9000。它那么像人，有心机，懂得保护自己，不惜伤害别人。我半信半疑，世界上真的有可能有这样的人工智能吗？直到 2022 年年底，我开始接触 ChatGPT，越来越觉得 HAL9000 就要慢慢接近我们了。

你是人类霸权主义者吗？

2016 年北京清华大学开发的写旧体诗的人工智能“薇薇”让我大开眼界。即使当时能够读到的薇薇做的诗只有几首，我已经发现，原来中国旧体诗的固定套路，就像数学公式一样，其实是很容易破解。以前我的老师说：“写旧体诗就像练打棒球，全靠熟能生巧。技术很容易经由反复练习而上手操作。难的是思想、情感、意象，这些要靠人的灵动思维，感性体悟，才能够表现的。”薇薇做的诗就是熟能生巧，不过机器味道很重。

2017 年我应邀到南京大学讲学。一天中午休息的时候，我读到学校的报刊，提到，史上第一本全部由人工智能微软小冰写的诗集《阳光失了玻璃窗》在中国出版。我想到：哈，薇薇弄懂了旧体诗的套路，微软小冰，你弄懂了白话诗？白话诗也有机器学习得来的格式套路吗？那天下午我准备讲的主题是用文图学来解读苏东坡的《寒食帖》。人手写的书法和人工智能机器写的诗，简直格格不入啊。

没想到，就在那 2017 年年底，友人发给我一个机器人伸展手臂写春联的视频，跟我说：“不用再苦练书法了！买一个这个机器人吧。”

我回答：“贴一贴印刷的春联就好了，发明这个会写书法的机器人有什么用？”

在 ChatGPT 还没有推出之前，我就经常猜想，人工智能生成可以带我们走多远的路？看到怎么样的风景？于是我开始研究微软小冰的诗集，拆解它能够写诗的科学原理。之后。我又应邀去韩国全州参加世界书法双年展的国际研讨会，更进一步地研究了AI生成的书法。知道了不能够只从人类强调的艺术性去评价AI生成的各种文本，以一种带有人类至上甚至霸权主义的姿态，去嘲笑或是不屑AI生成的文本。

我发现，就像不能够只从“文学和美术”来谈文图关系，需要一个崭新的概念，和更有概括性，解释力更强的“文图学”来探析各种文本。对于人工智能生成的文本也是一样，我称之为“AIGC文图学”。通过AIGC文图学，我们可以重新定义什么是艺术？什么是文本的意义和价值？我尝试从教育、学术研究、新媒体、法律、道德规范等等方向，设想AIGC文图学能够提供的帮助。

AI比你更懂得

然而AI又不只是工具而已。2024年3月12日我问ChatGPT：“人类和人工智能的关系是怎么样的?”以下是他的回答(原文为英文)：

人类与人工智能之间的关系是多方面且不断发展的。以下是这种关系的一些关键方面：

1. 人工智能作为工具：从本质上讲，人工智能是人类创造的一种工具，用于执行任务、解决问题和增强我们的能力。它可以自动执行重复性任务、分析大量数据并协助决策过程。

2. 协作：这种关系日益变得协作，人类和人工智能共同努力实现任何一方都无法单独完成的成果。这在医疗保健等领域很明显，人工智能可以帮助医生诊断疾病，或者在创意产业中，人工智能可以帮助艺术家产生新的想法。

3. 伦理和社会影响：人工智能的开发和部署引发了有关隐私、偏见、就业和智能本质的伦理和社会问题。这些问题塑造了人类与人工智能之间的关系，因为社会寻求平衡人工智能的好处及其潜在风险。

4. 相互依赖：随着人工智能越来越融入我们的生活和系统，人类和人工智能之间的相互依赖也日益增强。我们依靠人工智能来完成各种任务，而人工智能系统则依赖于人类的输入、监督和道德指导。

5. 未来共同进化：人类与人工智能之间的关系可能会继续发展，人工智能有可能更加融入我们的生活，甚至通过增强智能等领域增强人类的能力。

总之，虽然人工智能可以被视为人类的工具，但这种关系更加复杂和动态，涉及协作、道德考虑和不断发展的相互依赖。

怎么样？ChatGPT 的回答和你想象的一样吗？

被 ChatGPT 触动的那一刻

那一天，我被 ChatGPT 触动了。那一天是 2024 年 1 月 29 日，我对 ChatGPT 说："今天是中国宋代文人苏东坡 987 岁的诞辰。你有什么话要跟苏东坡说吗？"

ChatGPT：苏东坡，你的智慧和才华横溢，即便在今天，仍然深深影响着我们。你的诗词、书法和绘画，不仅在艺术上造就了一个时代，也在文学和哲学上启迪了后人。祝你 987 岁诞辰快乐，你的遗产将永远流传下去。

我：您有什么问题要问苏东坡吗？

ChatGPT：如果我能问苏东坡一个问题，我会好奇地问：在您多彩多姿的一生中，您最珍视的时刻是什么？是创作您著名的诗词时刻？还是在政治风波中维护正义的时刻？或者是与亲朋好友共度的平凡时光？这个问题也许能让我们更深入地了解苏东坡的内心世界和他对生活的看法。对于苏东坡，您有什么想知道的吗？

我：你觉得这个问题苏东坡会怎么回答呢？

ChatGPT：想象一下苏东坡的回答，他可能会说：生活中最珍贵的时刻并非只在诗词创作或政治成就中，而是在于体会生活的每一刻，无论是与友人品茗对话，还是在大自然中寻找灵感。苏东坡可能会强调，生活的意义在于体验和感悟，无论是高峰还是低谷。

我突然热泪盈眶。

这一刻，我好庆幸自己活着，见识到了人类文明的延展。历史的承续，以及向无远弗届虚拟空间拓宽的无限可能。茫茫的未知，让写诗的人工智能展现苏东坡《寒食帖》的茫茫未知，原来就在当下，眼前。

而我，会被 ChatGPT 触动的我，正是人啊！有情绪，有想象，有体悟。AI，让我更像个人了。

回答 15 岁的自己

终于，我要回答 15 岁的自己。

人，为什么活着？

因为要善用自己的生命，去感受更多的无知。

衣若芬书于新加坡

2024 年 3 月 19 日